国外油气勘探开发新进展丛书（十八）

页岩储层微观尺度描述
——方法与挑战

［美］Mehdi Ostadhassan　Kouqi Liu
　　　Chunxiao Li　Seyedalireza Khatibi　著

赵传峰　曲　海　臧雨溪　译

石油工业出版社

内 容 提 要

本书介绍了美国页岩区带的地理分布、巴肯页岩储层的有机地球化学和快速热解分析结果以及页岩储层的孔隙结构特征。重点阐述了扫描电镜、原子力显微镜以及气体吸附等方法在表征孔隙结构方面的原理以及实例应用结果，介绍了有机物地球化学性质的传统描述方法以及最新的拉曼光谱分析方法。最后探讨了页岩微纳米力学特性的纳米压痕法和原子力显微技术，阐述了该方法的优缺点，并讨论了实例应用结果。

本书可供页岩相关从业人员和研究者参考学习，还可供相关领域研究生学习使用。

图书在版编目（CIP）数据

页岩储层微观尺度描述：方法与挑战／（美）迈赫迪·奥斯塔德哈山（Mehdi Ostadhassan）等著；赵传峰，曲海，臧雨溪译. — 北京：石油工业出版社，2019.12

（国外油气勘探开发新进展丛书；十八）

ISBN 978-7-5183-3693-7

Ⅰ.①页… Ⅱ.①迈… ②赵… ③曲… ④臧… Ⅲ.①油页岩–储集层–研究–美国 Ⅳ.①P618.130.2

中国版本图书馆 CIP 数据核字（2019）第 227649 号

First published in English under the title
Fine Scale Characterization of Shale Reservoirs：Methods and Challenges
by Mehdi Ostadhassan, Kouqi Liu, Chunxiao Li and Seyedalireza Khatibi
Copyright © Mehdi Ostadhassan, Kouqi Liu, Chunxiao Li and Seyedalireza Khatibi 2018
This edition has been translated and published under licence from Springer Nature Switzerland AG.
Springer Nature Switzerland AG takes no responsibility and shall not be made liable for the accuracy of the translation.

本书经 Springer 授权石油工业出版社有限公司翻译出版。版权所有，侵权必究。
北京市版权局著作权合同登记号：01-2019-7485

出版发行：石油工业出版社
　　　　　（北京安定门外安华里2区1号楼　100011）
　　　　　网　　址：www.petropub.com
　　　　　编辑部：（010）64523537　图书营销中心：（010）64523633
经　　销：全国新华书店
印　　刷：北京中石油彩色印刷有限责任公司

2019年12月第1版　2019年12月第1次印刷
787×1092毫米　开本：1/16　印张：6
字数：150千字

定价：48.00元
（如发现印装质量问题，我社图书营销中心负责调换）
版权所有，翻印必究

《国外油气勘探开发新进展丛书（十八）》
编委会

主　任：李鹭光

副主任：马新华　张卫国　郑新权

　　　　何海清　江同文

编　委：（按姓氏笔画排序）

　　　　曲　海　刘豇瑜　范文科

　　　　周家尧　赵传峰　饶文艺

　　　　秦　勇　贾爱林　章卫兵

序

"他山之石，可以攻玉"。学习和借鉴国外油气勘探开发新理论、新技术和新工艺，对于提高国内油气勘探开发水平、丰富科研管理人员知识储备、增强公司科技创新能力和整体实力、推动提升勘探开发力度的实践具有重要的现实意义。鉴于此，中国石油勘探与生产分公司和石油工业出版社组织多方力量，本着先进、实用、有效的原则，对国外著名出版社和知名学者最新出版的、代表行业先进理论和技术水平的著作进行引进并翻译出版，形成涵盖油气勘探、开发、工程技术等上游较全面和系统的系列丛书——《国外油气勘探开发新进展丛书》。

自2001年丛书第一辑正式出版后，在持续跟踪国外油气勘探、开发新理论新技术发展的基础上，从国内科研、生产需求出发，截至目前，优中选优，共计翻译出版了十七辑近100种专著。这些译著发行后，受到了企业和科研院所广大科研人员和大学院校师生的欢迎，并在勘探开发实践中发挥了重要作用，达到了促进生产、更新知识、提高业务水平的目的。同时，集团公司也筛选了部分适合基层员工学习参考的图书，列入"千万图书下基层，百万员工品书香"书目，配发到中国石油所属的4万余个基层队站。该套系列丛书也获得了我国出版界的认可，先后四次获得了中国出版协会的"引进版科技类优秀图书奖"，形成了规模品牌，获得了很好的社会效益。

此次在前十七辑出版的基础上，经过多次调研、筛选，又推选出了《孔隙尺度多相流动》《二氧化碳捕集与酸性气体回注》《油井打捞作业手册——工具、技术与经验方法（第二版）》《油气藏储层伤害——原理、模拟、评价和防治（第三版）》《煤层气开发工程新进展》《页岩储层微观尺度描述——方法与挑战》等6本专著翻译出版，以飨读者。

在本套丛书的引进、翻译和出版过程中，中国石油勘探与生产分公司和石油工业出版社在图书选择、工作组织、质量保障方面积极发挥作用，一批具有较高外语水平的知名专家、教授和有丰富实践经验的工程技术人员担任翻译和审校工作，使得该套丛书能以较高的质量正式出版，在此对他们的努力和付出表示衷心的感谢！希望该套丛书在相关企业、科研单位、院校的生产和科研中继续发挥应有的作用。

中国石油天然气股份有限公司副总裁　李鹭光

译者前言

为了便于石油科技工作者对石油勘探、开发和生产领域内最新研究成果以及技术发展水平进行及时跟踪和了解，德国 Springer 出版社推出了 Springer Briefs 系列丛书。作为该丛书的一个重要组成部分，本书出版于 2018 年，英文题目为《Fine Scale Characterization of Shale Reservoirs：Methods and Challenges》。

本书第 1 章介绍了美国页岩区带的地理分布以及巴肯页岩储层的有机地球化学和快速热解分析结果。第 2 章介绍了页岩储层的孔隙结构特征，重点阐述了扫描电镜、原子力显微镜以及气体吸附等方法在表征孔隙结构方面的原理以及实例应用结果。第 3 章介绍了有机物地球化学性质的传统描述方法以及最新的拉曼光谱分析方法。第 4 章内容为研究页岩微纳米力学特性的纳米压痕法和原子力显微技术，阐述了该方法的优缺点，并讨论了实例应用结果。

全书共 4 章，均由赵传峰、曲海和臧雨溪翻译，由姜振学和鲜成钢审校。

译者学识粗浅文笔拙涩，译文中不当和失误之处在所难免。敬请读者批评指正，并提出宝贵建议。

赵传峰
2019 年 4 月

目 录

第1章 地质 (1)
1.1 本书结构 (1)
1.2 美国的页岩区带 (2)
1.2.1 巴肯区块的历史 (5)
1.2.2 巴肯区块的地质环境 (6)
1.2.3 有机地球化学和岩石快速热解分析 (6)
1.2.4 有机岩石学 (8)
参考文献 (12)

第2章 孔隙结构 (14)
2.1 方法 (14)
2.1.1 扫描电镜（SEM） (14)
2.1.2 原子力显微镜（AFM） (17)
2.1.3 气体吸附 (18)
2.2 实例及结果 (19)
2.2.1 扫描电镜成像分析 (19)
2.2.2 原子力显微镜分析 (30)
2.2.3 气体吸附 (33)
参考文献 (43)

第3章 地球化学性质 (47)
3.1 有机物的地球化学性质描述 (47)
3.2 拉曼光谱法 (50)
3.3 页岩储层地球化学性质的拉曼光谱描述 (51)
参考文献 (56)

第4章 纳米力学性质 (59)
4.1 引言：我们为什么需要关注页岩的力学性质 (59)
4.2 方法：用什么方法分析页岩的力学性质 (59)
4.2.1 纳米压痕法 (59)
4.2.2 AFM PeakForce 定量纳米力学成像 (62)

4.3 结果与讨论 …………………………………………………………………（63）
　　4.3.1 纳米压痕曲线分析 ………………………………………………（63）
　　4.3.2 刚度（杨氏模量、硬度）………………………………………（64）
　　4.3.3 页岩断裂韧性 ……………………………………………………（66）
　　4.3.4 纳米压痕法蠕变分析 ……………………………………………（67）
　　4.3.5 有机物弹性特性的 AFM 分析 …………………………………（70）
参考文献 ………………………………………………………………………（73）

附录　单位换算 ……………………………………………………………（75）

第1章 地　　质

美国北达科他州威利斯顿盆地巴肯组为非常规储层，近50年来一直是主要的石油产区之一。随着近些年水平井、水力压裂和提高采收率（EOR）技术的发展，该区被认为是美国乃至全球产油最多的页岩区带之一。这些技术的组合使用大大增加了巴肯组储层的石油产量，致使北达科他州成为美国最大的产油区之一。这些工艺技术在巴肯组储层的应用面临着新的挑战。这些挑战可能会降低增产措施、水平井钻井作业、提高采收率和水力压裂等措施的成功率。考虑到非常规页岩储层正在成为主要的能源来源，而且页岩是世界上所有沉积盆地的主要组成，因此需要解决致密页岩油层开采中所遇到的问题，以便提升现场作业效率。地质力学建模是主要关注点之一，对现场作业的成功起到重要作用。建模人员需要对各类储层充分了解，需要描述不同的页岩组分及其弹性参数，用以输入到不同的岩石物理模型中来提高地质力学模拟（MEM）的精度。页岩地层的总有机碳（TOC）含量很高，这一点在常规储层中并不常见。与其他岩石组分相比，决定页岩总有机碳含量高低的有机物质具有完全不同的物理化学性质。如果在建模过程中忽略这些属性的影响，则可能会导致作业失败和成本增加。有机物的特征非常重要，需要重点研究。另外，与常规储层相比，页岩储层中烃类储集在尺度更小的孔隙空间中，其渗透率很低或流体流动能力很差。因此，需要从纳米—宏观—巨观的各个尺度上开展更为深入的研究，以便把页岩储层的采收率从3%提高到常规储层的采收率水平上。为研究精细尺度的孔隙，我们需要更先进的分析技术。

1.1　本书结构

本书内容涵盖较多主题，目的是帮助读者更好地认识既具有烃源岩又具有储集岩功能的巴肯组。笔者试图解决在对巴肯组建模的过程中将会面临的问题，从而有助于改进现有的岩石物理模型。本书的主要内容是描述巴肯组储层不同组分的物理和化学特性。在地质力学、地球物理和地质建模时我们对这些特征中的大部分不够了解。它们受多种因素控制，例如大量存在的黏土矿物、高含量的多源有机物质、不均匀分布的大量小尺寸孔隙。随着近年来材料科学和医学领域技术的进步，研究人员在实验室中便可精确描述这些性质。本书的结构包含以下4章内容。

第1章讨论了美国不同页岩区带的地理分布及其重要性。简要介绍了威利斯顿盆地和巴肯组的地质背景以及开采历史。同时展示了构成巴肯组有机物的煤素质的有机岩相图。在岩样中均发现了这些煤素质。本章详细介绍了巴肯组储层的有机地球化学分析结果和干酪根类型。因为作者的目标是在巴肯组岩样的热成熟度变化与其物理化学性质之间建立联系，所以读者将在后面的章节中发现更多有关有机地球化学的分析内容。

鉴于孔隙结构在控制储层油气储集能力方面的重要性，第2章主要对孔隙网络进行了详细的研究。现已分析了孔隙结构诸如孔径和形状的多种特征。这些特征可影响岩石的物理、力学和化学性质，包括强度、弹性模量、渗透性和导电性等。为了更加清楚地认识孔隙的非均质性，采用了包括气体吸附和成像在内的多种测试技术以及高阶数据分析方法在不同尺度上对孔隙结构进行表征和量化。

富含有机物的页岩储层层段通常含有大量的干酪根、沥青质和可动烃。尽管已进行了大量研究以提升对干酪根特征的认识，但尚未完全了解作为泥岩主要成分之一的干酪根，本书的第3章介绍了对有机质特性的认识，包括对非常规储层开发至关重要的有机质成熟度、含量和类型等。本章介绍了有机物的描述方法，包括传统的地球化学方法以及一些新的分析技术，其中着重介绍了拉曼光谱分析方法。

最后，在第4章研究了页岩岩样微纳米力学特性。通过纳米压痕法和原子力显微技术（AFM）得到了载荷—位移曲线，以用于确定弹性模量和硬度。AFM PeakForce 定量纳米力学成像模式是AFM探测中一种相对较新的测量方法，利用该种方法可同时得到表面高度图和模量图。在本章中，介绍了这两种技术在巴肯组页岩岩样分析上的应用情况，并且还讨论了每种技术的优点和缺点。本章对一个尚未被充分研究过的有机质特性进行了阐述。该特性尚未被充分研究的原因在于缺乏分离有机物和测试地下力学特性的先进设备。利用AFM的新模式测试了有机物的纳米力学性质，然后再与其热成熟度关联起来。

1.2 美国的页岩区带

美国现已开展了大量的页岩油资源勘探开发工作。页岩油储层为颗粒细微、有机质丰富的沉积岩，是烃类的烃源岩和储层。页岩储层的另外一个特点是孔径极小，除非存在天然裂缝或采取人工压裂措施，否则本身流体不具有流动能力。

为了更好地了解美国国内潜在的页岩油资源量，美国能源信息署（EIA）委托INTEK公司，对美国本土48个州的页岩油技术可采资源量进行了评估（美国能源信息署，2015）。该报告评估了已发现的20个页岩区带中尚未投入开发区带的页岩油资源量。其中的8个页岩区带被细分为2个或3个区域，因此独立进行的资源量评估超过了29次。图1.1中的地图显示了美国本土48个州页岩区带的地理位置。

根据这份报告的评估结果，美国本土48个州的页岩油可采资源量达到239×10^8bbl。最大的页岩油储层位于南加利福尼亚州的Monterey/Santos地区，估算储量为154×10^8bbl，占总可采资源量的64%。Monterey储层是南加利福尼亚州Santa Maria和San Joaquin盆地常规油藏的主要烃源岩。第二大和第三大的页岩油储层是巴肯组和鹰滩组，技术可采储量分别约36×10^8bbl和34×10^8bbl。

表1.1总结了美国主要页岩油区带的技术可采储量，技术可采储量单位为10^9bbl（BBO），面积单位为ft^2。

在这48个州中，非常规致密油产量占据着美国石油总产量的首要位置。根据能源信息署的最新预测，在2016—2040年，美国致密页岩油的累计产量将占到同时期总石油产量的60%（美国能源信息署，2017）（图1.2）。图1.2（c）的曲线图对美国与全球其他石油高产国的产量进行了对比。从图中可以看到，在2010年，美国石油产量的跳跃式增长与北达科他州石油产量的急剧增长密切相关。通过对比两条曲线，巴肯组储层的重要性可见一斑，因为威利斯顿盆地的石油产量主要来自于该储层。鉴于此，本书的主要分析对象是作为美国乃至世界页岩油主力产油区带之一的巴肯组岩样。

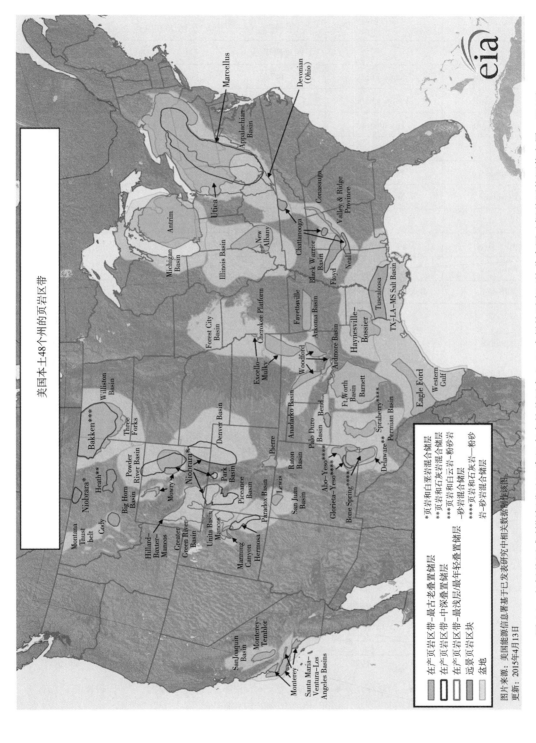

图 1.1 包括美国威利斯顿盆地巴肯组在内的美国本土 48 个州的页岩区块分布图（据美国能源信息署, 2015）

表 1.1 美国一些主要页岩区块的技术可采储量

区域/流域	页岩地层	潜力地区 (ft²)	原油平均 EUR (10³bbl/口)	技术可采储量 (10⁹bbl)
墨西哥湾岸区				
Western Gulf	Eagle Ford	14780	0.491	15.5
Western Gulf	Austin Chalk	11447	0.122	4.7
Western Gulf	Tuscaloosa	7388	0.124	3.7
西南地区				
Permian	Spraberry	15684	0.098	10.6
Permian	Wolfcamp	18491	0.151	11.1
落基山/达科他山				
Powder River	Tight Oil Plays	19684	0.035	2.1
Williston	Bakken	14966	0.953	8.6
Williston	Bakken Three Forks	21439	0.197	14.9

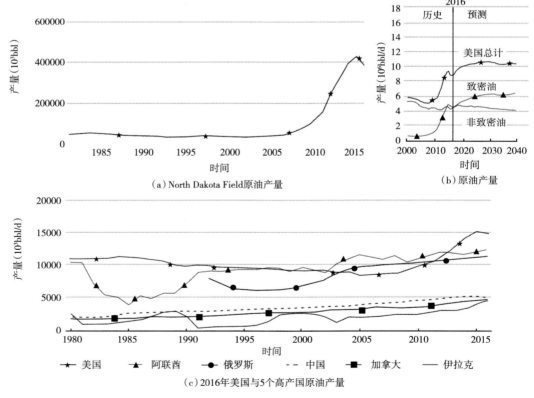

图 1.2 美国与北达科他州原油产量对比及预测（美国能源信息署，2017）

1.2.1 巴肯区块的历史

巴肯组油藏的开采历史可追溯到 1950 年，即 Antelope 油田发现的那一年。20 世纪 90 年代初，第一口水平井获得成功钻探。在此之前，巴肯组油藏的生产和开发主要依靠直井数量的增加。2006 年 Parshall 油田发现后，该地区水平井数量激增，可谓是巴肯组油藏开发史上的一次突破。通过采用水平钻井和诸如多级水力压裂等新型增产技术，低渗透巴肯组油藏的产量明显增加。巴肯组属于"自源性"油藏，生油层、储油层和盖层一体化。无论在哪个位置钻井，都可获得产能。

巴肯组页岩油储层位于蒙大拿州和北达科他州的威利斯顿盆地内，并延伸到加拿大的曼尼托巴省和萨斯喀彻温省。2008 年，美国地质调查局（USGS）对巴肯组页岩资源量进行了评估（Pollastro 等，2008），未探明总资源量当量在（3063～4319）$\times 10^6$ bbl，未探明非常规总资源量当量约为 3645×10^6 bbl（美国能源信息署，2011）。根据能源信息署的最新评估，巴肯组页岩油储层的技术可采储量达到 86×10^9 bbl，有望成为美国历史上发现的最大油田（美国能源信息署，2017）。美国巴肯组的净含油面积约为 14966 ft^2，页岩油区带的预期最终产量平均为 953×10^3 bbl/口。图 1.3 给出了是 Middle Bakken 和 Three Forks 储层岩样原油的代表性标准热解图谱。这两个储层是巴肯组页岩油区带的主力产油层。

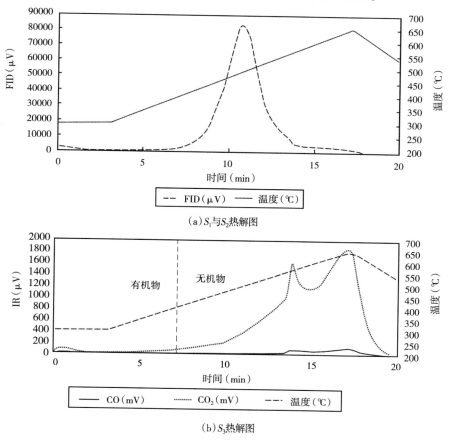

图 1.3 巴肯组页岩岩样的岩石热解图

1.2.2 巴肯区块的地质环境

威利斯顿盆地巴肯组是北美地区最重要的非常规页岩油气储层之一。巴肯组形成于晚泥盆世至早密西西比世，是一个广泛分布的碎屑岩地层，分布于北达科他州、蒙大拿州和加拿大萨斯喀彻温省和曼尼托巴省的部分地区。巴肯组包括三段：由富含有机物的页岩组成的上段和下段，以及由碳质砂岩、粉砂岩组成的中段（LeFever 等，1991；LeFever，2008）。在北达科他州地区，巴肯组的这三段地层与周围沉积物呈现出超覆截断，且地层越新，分布范围越广。发生于晚泥盆世—早密西西比世的海进可能导致了各段中存在超覆模式（Webster，1984；Meissner，1991）。巴肯组下部是 Three Forks 组，上部是 Lodgepole 组，这三个纵向连续的地层构成了巴肯油气系统。该储层的特点在于烃源岩富含有机质但储层为低孔低渗，以及部分区域发生过油气充注（Sonnenberg 和 Pramudito，2009）。

巴肯组中发现了大量的化石群落，包括牙形虫、Tasmanite 藻类、琥珀色孢子、小头足类动物、介形虫、小型腕足动物，以及鱼类遗骸等（Wall，1962；Hayes，1985）。这些动植物群落的存在以及巴肯组页岩中平坦薄层的叠压，表明该地层沉积发生在低能环境中。因为巴肯组上段和下段中的有机物和黄铁矿含量很高，表明该层为缺氧、还原且深水分层的沉积环境，而巴肯组中段则沉积在一个富含氧的环境中（LeFever，1991）。由于存在大量动、植物群落化石，包括自游动物（鱼、头足类动物和介形虫）、浮游生物（藻类孢子）和上层浮游生物（无关节腕足动物）（Webster，1984），因此北美泥盆纪—密西西比纪的页岩地层可看作"黑色页岩海"（Ettensohn 和 Barron，1981），同时证实了在巴肯组沉积期间威利斯顿盆地确实发生了水体层化（Lineback 和 Davidson，1982）。

巴肯组在盆地中部的最大厚度为 150ft（约 50m），并且没有任何地表露头（LeFever 等，1991）。该地层是地球化学分析中一个非常独特的案例，因为仅仅在这个地层单元中就可以识别出热成熟的所有阶段（从未成熟阶段到相对过成熟阶段）（Webster，1984）。巴肯组上下段页岩主要由坚硬、易碎的蜡状黑色页岩组成，颜色呈深棕色。上段页岩的有机质含量很高，黏土矿物、泥和白云石颗粒含量较低，而下段页岩有机质含量低，但黏土矿物、粉砂质和白云石含量较高（Meissner，1991）。

目前可用多种方法确定生油岩的潜力和品质（Jackson 等，1980；Epistalié 等，1985；Tissot 和 Welte，1978；Peters，1986；Langford 和 Blanc-Valleron，1990；Bordenave，1993；Peters 和 Cassa，1994；Burwood 等，1995；Hunt，1996；Dyman 等，1996；Lafargue 等，1998；Petersen 和 Nytoft，2006；Dembicki，2016）。岩石快速热解分析是最为常用的确定岩样地球化学特性的方法。该技术最开始用于评估岩屑、岩心或露头岩样的生油潜力和热成熟度以进行初步的筛选。

1.2.3 有机地球化学和岩石快速热解分析

总有机碳含量、S_1、S_2、S_3 和 S_4 是岩石快速热解分析的主要结果，其中总有机碳含量 TOC（%）代表有机物丰度；S_1（mg HC/g 岩石）表示整个岩样中可热萃取的游离油量；S_2（mg HC/g 岩石）表示由剩余的干酪根和高分子量游离烃裂解而产生的高温热裂解产物，高分子量游离烃在 S_1 峰值不会蒸发；T_{max}（℃）表示高温热解最大演化程度时（S_2）的温度；S_3（mg CO_2/g 岩石）表示有机质低温热解（<390℃）时所生成的二氧化碳量；S_4（mg/g 岩石）表示残余碳量（RC）。使用这些参数可计算出一些其他指标，例如：氢指数（S_2×

100/TOC)、氧指数（$S_3 \times 100$/TOC）、产烃指数（S_1/S_1+S_2）以及 S_1+S_2。

巴肯组页岩地层的总有机碳（TOC）含量很高，在 5%～20%，整个盆地平均 TOC 为 11.3%（Webster，1984）。TOC 表征的是岩石中分散有机物的数量。从丰度来看，巴肯组页岩为"非常好"的烃源岩（TOC>2%；Peters，1986），因为其平均 TOC（%）高达 11.3%。随着烃源岩中生排烃活动的进行，TOC（%）含量逐渐降低（Daly 和 Edman，1987；Dembicki，2016）。TOC 含量在威利斯顿盆地范围内并不是均匀分布的。该盆地巴肯组中段的 TOC 含量最高（约 17%），上段和下段的有机质含量更高。该盆地东部边缘位于北达科他州，其 TOC 含量最低——巴肯页岩的有机质含量相对较少（TOC>10%），原因可能是陆源沉积物造成的稀释。在盆地中部和位于蒙大拿州东部的区域，巴肯组页岩的有机物丰度为中等水平（TOC 在 13%～17%）。有机物成熟度最低的区域分布于盆地的加拿大部分，平均 TOC 为 20%（Jin 和 Sonnenberg，2013）。最新的评估方法是把 S_2 作为主要的烃源岩丰度判断指标。此外，还可以借助 S_2 与 TOC 的交会图确定烃源岩的品质（Dembicki，2016）（图 1.4）。

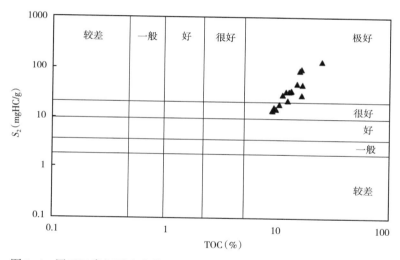

图 1.4　用于巴肯组页岩岩样的烃源岩生油能力鉴定的 S_2 与 TOC 交会图
（Peters，1986；Abarghani 等，2018）

需要指出的是，通过使用交会图对烃源岩的品质和生烃能力的评估只是一个大概的结果。因此，需要通过热成熟度以及其他分析方法对该评价结果进行验证，包括使用反射光和透射光显微镜的有机岩石学方法（Jackson 等，1980；Saberi 等，2016；Dembicki，2016）（图 1.5）。

目前有很多种方法可用于确定烃源岩成熟度。巴肯组页岩成熟度的测定就用到了多种方法，比如岩石快速热解分析方法、有机岩石学研究和镜质组反射率测试等。Webster（1984）认为烃源岩的平均生油门限为 9000ft，能够大量生油的平均门限为 10000ft，对于巴肯组而言，生油门限更深。威利斯顿盆地烃源岩成熟度和储层深度之间并不存在统一的对应关系。其原因可能是，在盆地地质发展史中，不同地区具有不同的热流率（Webster，1984）。

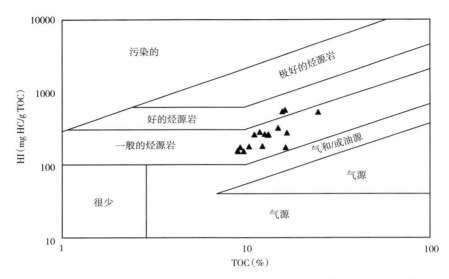

图1.5 用于巴肯组页岩岩样烃源岩品质鉴定的 HI 与 TOC 交会图（Abarghani 等，2018）

Jin 和 Sonnenberg（2013）基于巴肯组页岩的快速热解分析结果，在 T_{max} 和产烃指数（PI）之间发现了一个很有意义的阈值。当地层温度低于425℃时，巴肯组页岩的 PI 值远低于0.08，但随着 T_{max} 升高至430℃或以上，平均 PI 值达到0.08并继续增加至约0.4，直到 T_{max} 达到约445℃以上。

巴肯组烃源岩中的干酪根主要来自藻类的无定形有机物（Powell 等，1982；Webster，1984）。关于干酪根分类的大量研究结果（例如 Jin 和 Sonnenberg，2013；Liu 等，2017；Khatibi 等，2018）表明，巴肯组页岩有机质富含Ⅱ型干酪根，以及少量Ⅰ型和Ⅲ型干酪根。岩石学研究还表明，巴肯组页岩中的大部分有机物质在透射白光下显示其由无定形的干酪根组成。此外，全岩显微分析结果显示，在白光和紫外光反射下，这种干酪根为来自于浮游藻类的油型海相Ⅱ型干酪根（Barker 和 Price，1985；LeFever，1991；Stasiuk 等，1991）。确定干酪根类型的一种方法是使用岩石快速热解分析数据和地球化学数据的交会图，例如 HI 与 T_{max} 的交会图或 S_2 与 TOC 的交会图（图1.6，图1.7）。

1.2.4 有机岩石学

通过入射光学显微对抛光环氧树脂岩样进行的最新有机岩石学研究表明，巴肯组页岩上段和下段主要由早期沥青、低反射富氢沥青、颗粒状沥青和琥珀色液体沥青组成，可能由藻类物质、基质沥青质、藻类体、碎屑壳质体、惰质组和少量的动物碎屑质生成。松散的藻类体有机大颗粒含量丰富，在紫外光下呈暗黄色荧光。这些发现表明有机质热成熟度高，处于生油窗中段。在巴肯组成熟岩样中，平均镜质组反射率（VR_o，热成熟度指标）为0.88%~1.01%。这样的 VR_o 值水平，再加上藻类体在紫外光下呈暗黄色至浅橙色，足以表明有机物质为热成熟状态，且处于生油窗的早中期。另一方面，未成熟岩样主要由固体沥青、微真核（蓝绿色）藻类体、单细胞海洋藻类体（Tasmanites）、孢子体、粒状粗粒体、无定形体、壳质组和壳碎片组成（图1.8，图1.9）。

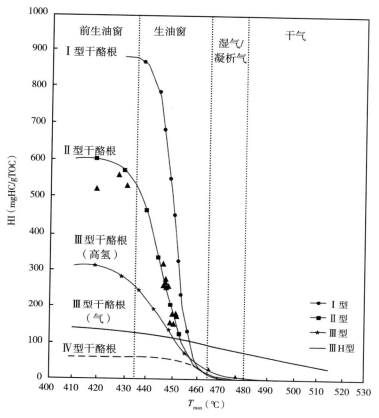

图 1.6 用于巴肯组页岩岩样干酪根类型鉴定中 HI 与 T_{max} 交会图（Abarghani 等，2018）

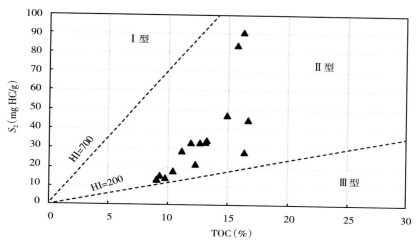

图 1.7 用于巴肯组页岩岩样干酪根类型鉴定的 S_2 与 TOC 交会图
（Langford 和 Blanc-Valleron，1990；Abarghani 等，2018）

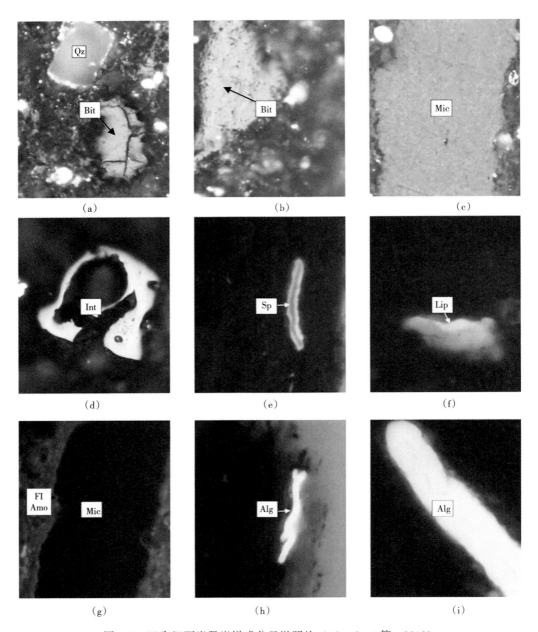

图1.8 巴肯组页岩段岩样成分显微照片（Abarghani 等，2018）

(a) 沥青（Bit）Ro 为 0.92%。Qz 代表石英；(b) 沥青（Bit）平均 Ro 为 1.04%；(c) 煤岩微粒体厚带（Mic），平均 R_o 为 0.55%；(d) 惰质组（Int）；(e) 孢子体（Sp），外部呈黄色荧光，中心呈暗黄色荧光，孢粉表面呈斑点状；(f) 壳质组（Lip），呈暗黄色荧光，可能为藻类；(g) 颗粒状微粒体（Mic），Ro 为 0.28%，注意其中的荧光无定形物（FlAmo）或基质沥青质；(h) 一种亲油的海洋塔斯马尼亚结构藻类体（Alg），呈金黄色荧光；(i) 高度亲油的厚壁塔斯马尼亚结构藻类体（Alg），呈金黄色荧光。所有显微相片使用50倍油浸物镜拍摄。

紫光线参数如下：感光滤色片厚度为465nm；组合使用二向色滤片和二次滤片在515nm处切割

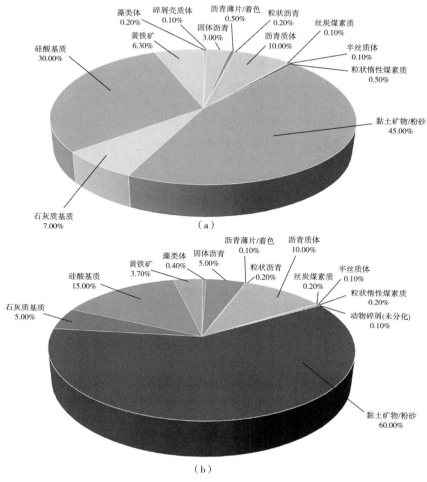

图1.9 巴肯组上层岩样（a）和下层岩样（b）饼状图（Abarghani 等，2018）

在地球历史中的某些时期，深海呈缺氧状态。这些特定时期被称为"海洋缺氧事件"或 OAE（Meyer and Kump，2008）。厌氧微生物在缺氧环境中活动，导致硫化氢浓度增加。在这种条件下，岩石基质中的有机质呈高度富集状态。在许多海洋缺氧事件中，长期持续的缺氧状态就会产生滞海现象。该现象伴随多种特征，如高度黄铁矿化（Raiswell 等，1988）、黄铁矿粒径分布集中（Wignall 和 Newton，2003；Nielsen 和 Shen，2004）以及 Mo、U、V 和 Zn 等元素的高度富集（Algeo 和 Maynard，2004）。

发生在晚泥盆世至早密西西比世的 Kellwasser 事件是一个广泛分布的缺氧海洋和基底滞海事件（Meyer 和 Kump，2008），比如泥盆世—密西西比世 New Albany 页岩（Ingall 等，1993）、纽约州黑色页岩（弗拉斯阶/法门阶）的 Kellwasser 层（Murphy 等，2000）、伊利诺伊州和密歇根州盆地黑色页岩（Brown 和 Kenig，2004）、经典的波兰圣十字山弗拉斯阶/法门阶 Kellwasser 事件（Bond 等，2004），以及肯塔基州晚密西西比世 Sunbury 页岩（Rimmer，2004）。热分层是导致缺氧状态的原因，而缺氧生产力的保持会进一步作用于热分层

(Meyer 和 Kump，2008）。巴肯组页岩的特点为有机质浓度高，黄铁矿化程度高，黄铁矿呈草莓状分布且粒度分布集中，Mo、V 和 Zn 高度富集。这些岩石学特点的存在可以通过晚泥盆世（晚弗拉斯阶）和早密西西比世 Kellwasser 海洋缺氧事件的显著缺氧/滞海事件得以解释。

参 考 文 献

Abarghani A, Ostadhassan M, Gentzis T, Carvajal-Ortiz H, Bubach B. 2018. Organofacies study of the Bakken source rock in North Dakota, USA, based on organic petrology and geochemistry. Int J Coal Geol 188: 79–93.

Algeo T J, Maynard J B. 2004. Trace-element behavior and redox facies in core shales of Upper Pennsylvanian Kansas-type cyclothems. Chem Geol 206: 289–318.

Barker L C, Price C E. 1985. Suppression of vitrinite reflectance in amorphous rich kerogen—a major unrecognized problem. J Pet Geol 8: 59–84.

Bond D, Wignall P B, Racki G. 2004. Extent and duration of marine anoxia during the Frasnian-Famennian (Late Devonian) mass extinction in Poland, Germany, Austria and France. Geol Mag 141: 173–193.

Bordenave M L. 1993. Applied petroleum geochemistry. Technip Paris.

Brown T C, Kenig F. 2004. Water column structure during deposition of Middle Devonian-Lower Mississippian black and green/gray shales of the Illinois and Michigan Basins: a biomarker approach. Palaeogeogr Palaeoclimatol Palaeoecol 215: 59–85.

Burwood R, De Witte S, Mycke B, Paulet J. 1995. Petroleum geochemical characterization of the lower Congo Coastal Basin Bucomazi formation. Petroleum Source Rocks 235–263.

Daly A R, Edman J D. 1987. Loss of organic carbon from source rocks during thermal maturation. AAPG Bull 71.

Dembicki H. 2016. Practical petroleum geochemistry for exploration and production. Elsevier.

Dyman T S, Palacas J G, Tysdal R G, Perry W Jr, Pawlewicz M J. 1996. Source rock potential of middle cretaceous rocks in southwestern Montana. AAPG Bull 80: 1177–1183.

Epistalié J, Deroo G, Marquis F. 1985. La pyrolyse rock éval et ses applications. Rev Inst Fr Pétr 40: 563–579.

Ettensohn F R, Barron L S. 1981. Depositional model for the Devonian-Mississippian black-shale sequence of North America: a tectono-climatic approach. Kentucky University, Lexington (USA). Department of Geology.

Hayes M D. 1985. Conodonts of the Bakken formation (Devonian and Mississippian), Williston Basin, North Dakota. The Mountain Geologist.

Hunt M. 1996. Petroleum geochemistry and geology. WH Freeman and company.

Ingall E D, Bustin R, Van Cappellen P. 1993. Influence of water column anoxia on the burial and preservation of carbon and phosphorus in marine shales. Geochim Cosmochim Acta 57: 303–316.

Jackson K, Hawkins P, Bennett A. 1980. Regional facies and geochemical evaluation of the southern Denison Trough, Queensland. APPEA J 20: 143–158.

Jin H, Sonnenbergy S A. 2013. Characterization for source rock potential of the Bakken Shales in the Williston Basin, North Dakota and Montana. In: Unconventional Resources Technology Conference (URTEC).

Khatibi S, Ostadhassan M, Tuschel D, Gentzis T, Bubach B, Carvajal-Ortiz H. 2018. Raman spectroscopy to study thermal maturity and elastic modulus of kerogen. Int J Coal Geol 185: 103–118.

Lafargue E, Marquis F, Pillot D. 1998. Rock-Eval 6 applications in hydrocarbon exploration, production, and soil contamination studies. Revue de l'institut français du pétrole 53: 421–437.

Langford F, Blanc-Valleron M-M. 1990. Interpreting Rock-Eval pyrolysis data using graphs of pyrolizable hydrocarbons versus total organic carbon (1). AAPG Bull 74: 799-804.

LeFever J A. 1991. History of oil production from the Bakken Formation, North Dakota.

LeFever J A. 2008. Isopach of the Bakken Formation: North Dakota geological survey geologic investigations 59. Bakken map series, scale 1, pp 1-5.

LeFever J A, Martiniuk C D, Dancsok E F, Mahnic P A. 1991. Petroleum potential of the middle member, Bakken Formation, Williston Basin. In: Williston Basin symposium.

Lineback J, Davidson M. 1982. The Williston Basin-sediment-starved during the Early Mississippian. In: Williston Basin symposium.

Liu K, Ostadhassan M, Gentzis T, Carvajal-Ortiz H, Bubach B. 2017. Characterization of geochemical properties and microstructures of the Bakken Shale in North Dakota. Int J Coal Geol.

Meissner F F. 1991. Petroleum geology of the Bakken Formation Williston Basin, North Dakota and Montana.

Meyer K M, Kump L R. 2008. Oceanic euxinia in Earth history: causes and consequences. Annu Rev Earth Planet Sci 36: 251-288.

Pollastro R M, Cook T A, Roberts L N, et al. 2008. Assessment of undiscovered oil resources in the Devonian-Mississippian Bakken Formation, Williston Basin Province, Montana and North Dakota, (No 2008-3021). Geol Surv (US).

Webster R L. 1984. Petroleum source rocks and stratigraphy of the Bakken Formation in North Dakota. In: RMAG guidebook, Williston Basin, anatomy of a Cratonic Oil Province, pp 268-285.

Wignall P B, Newton R. 2003. Contrasting deep-water records from the Upper Permian and Lower Triassic of South Tibet and British Columbia: evidence for a diachronous mass extinction. Palaios 18: 153-167.

第2章 孔隙结构

孔隙结构控制着储层的油气储集能力（Anovitz and Cole in Rev Miner Geochem 80（1）：61-164，2015），因此孔隙结构在石油工业研究中起关键作用。不同性质（如尺寸和形状）的孔隙会影响岩石的物理、力学和化学性质，如强度、弹性模量、渗透率和导电率（Boadu，J Appl Geophys 44（2-3）：103-113，2000；Sanyal 等，Chem Eng Sci 61（2）：307-315，2006；Wang 等，J Appl Geophys 86：70-81，2012）。因此，孔隙结构的表征和量化对油气藏开发就显得至关重要。近十年来非常规资源的激增吸引了许多研究人员的关注。页岩是一种典型的非常规资源，但对这类储层的认识仍然不足。与砂岩或石灰岩的常规储层相比，页岩储层具有更为复杂的孔隙结构，因为页岩中分布着大量的纳米孔隙。本章介绍多种分析页岩油储层微观结构的分析方法。

2.1 方法

2.1.1 扫描电镜（SEM）

SEM 是研究孔隙微观结构最有用的工具之一。根据灰度级像素的不同，高分辨率 SEM 图像可用于区分固体基质和孔隙，是分析多孔介质孔隙结构的主要工具（Bogner 等，2007；Joos 等，2011）。从页岩油地层比如巴肯页岩的岩心中取下与岩心层理相平行的薄片岩样，用修剪锯修剪成一个 $0.5cm^3$ 的立方体，然后使用装配 600 粒度碳化硅研磨纸的 Buehler 抛光轮把岩样的所有面都手工打磨平整。将岩样用碳带固定到离子研磨夹持器上，并置于 Leica EM TIC 3X 离子研磨抛光仪中。之后，在 8kV 的加速电压和 3mA 枪电流下将所有岩样研磨 8h。最后，从离子研磨抛光仪岩样夹持器上把所有岩样都取出来，并使用碳涂料固定在一条干净的 SEM 短管上。我们需要获得高质量的图像，以便随后进行准确分割和定量分析。

2.1.1.1 SEM 图像处理

从 FESEM 得到灰度图像之后，可通过将原始图像转换为二进制图像来进行分割，其中白色像素表示孔、黑色像素表示固体基质。白色像素的面积与整个扫描区域面积的比值为孔隙度。准确地找到合适的灰度图像分割阈值会直接影响分析结果。只有使用精度高、重现性好的分割算法，得到的定量数据才有意义，方可在微观结构性质之间建立有效关系。基于 Wong 等人（2006）所做的对比，采用了临界溢流点技术来计算孔隙度。该技术根据累积亮度直方图的驻点确定准确的灰度上限阈值。

在确定上限阈值后，分割图像并将其转换为二进制格式，然后使用 Image J 软件（一种常用的图像分析软件）研究其孔隙结构。

2.1.1.2 孔径

我们使用一款常用的图像处理软件来分析分割区域的孔隙结构，并通过箱线图来比较 4 个岩样的孔径大小。

用两个形状参数（宽高比和圆度）来描述岩石的孔隙形状（Liu 和 Ostadhassan，

2017a, b, c)。

图像的宽高比描述了其宽度和高度之间的比例关系。根据 Takashimizu 和 Iiyoshi (2016) 的定义，可用宽高比确定孔隙形状：

$$AR = \frac{X_{Fmax}}{X_{Fmin}} \tag{2.1}$$

式中 X_{Fmax}，X_{Fmin}——近似椭圆的长轴和短轴。

当宽高比接近 1 时，可认为孔隙形状为圆形；如果偏离 1，则认为孔隙形状偏离圆形。

圆度的定义为颗粒与圆的相似程度，判断依据是颗粒边界的平滑度。圆度是无量纲值，可以用式（2.2）来描述（Cox，1927）：

$$C = 4\pi \frac{A_1}{P_1^2} \tag{2.2}$$

式中 A_1——孔隙面积；

P_1——孔隙周长。

圆度的取值范围为 0 到 1。如果圆度接近 1，可认为孔隙形状接近于一个标准的光滑球形。

2.1.1.3 分形维数

分形几何学的主要优势在于可描述自然界中的不规则形状或分段形状，以及传统欧几里得几何无法表征的其他复杂对象（Lopes 和 Betrouni，2009）。分形几何学中的关键参数是分形维数 D。它可以系统地量化不规则的图案模式。在所有分形维数计算方法中，由 Russel 等人（1980）定义的计盒法最为常用（Lopes 和 Betrouni，2009）。

通过用边长为 ε 的盒子覆盖整个二维图像并计算盒子数 N，计盒法即可确定 2D 分形对象的标度。每个盒子至少包含一个代表研究对象的像素。然后改变 ε 值并重复该过程，即可得到对应于不同网格尺寸 ε 的不同盒子数 N。最后，可通过式（2.3）计算分形维数：

$$D_0 = \lim_{\varepsilon \to 0} \frac{\lg N_{(\varepsilon)}}{\lg(1/\varepsilon)} \tag{2.3}$$

2D 图像中，分形维数 D 的变化范围为 1~2。

2.1.1.4 多重分形分析

包括页岩油气在内的非常规油气资源开采已引起了广泛关注，这就激发了人们研究如何更好地表征这些复杂储层。与砂岩均质孔隙结构不同的是，页岩储层的孔隙非均质性很强。这种非均质性可以在从纳米到米的不同尺度上进行刻画。在孔隙非均质性的影响下，即便孔隙度相等的岩石也会具有不同的性质（Vasseur 等，2015）。为了提高非常规油气资源开发的经济效益，需要认识清楚孔隙结构非均质性对页岩性质的影响。对于 SEM 图像，可利用多重分形分析和间隙率理论来研究孔隙结构的非均质性。

广泛用于研究多孔结构的单分形维数无法描述由多个性质不同的区域子集组成的复杂结构。然而，考虑每个盒子内部质量的多重分形理论可弥补单分形理论的不足。

在测量分形维数时，盒子尺寸 ε 与盒子数量 $N(\varepsilon)$ 之间存在如下关系（Chhabra 和 Jensen, 1989; Mendoza 等, 2010):

$$N(\varepsilon) \sim \varepsilon^{-D_0} \tag{2.4}$$

其中 D_0 称为分形维数, 通常可表示为:

$$D_0 = \lim_{\varepsilon \to 0} \frac{\lg N(\varepsilon)}{\lg \frac{1}{\varepsilon}} \tag{2.5}$$

用不同尺寸盒子来覆盖整个研究对象, 并计算所需要的盒子数量, 然后绘制双对数曲线, 其斜率即为 D_0 值。

然后通过估计第 i 个盒子中的质量概率, 利用式 (2.6) 来量化局部密度:

$$P_i(\varepsilon) = N_i(\varepsilon)/N_T \tag{2.6}$$

式中　$N_i(\varepsilon)$——第 i 个盒子包含的质量所对应的像素数;
　　　N_T——系统的总质量。

因此, 第 i 个盒子所代表的概率 $P_i(\varepsilon)$ 可表示为:

$$P_i(\varepsilon) \sim \varepsilon^{\alpha_i} \tag{2.7}$$

式中　α_i——奇异强度, 可以用来表示第 i 个盒子中的密度 (Feder, 1988; Halsey 等, 1986)。

对于多重分形测量, 概率分布为:

$$\sum_i [P_i(\varepsilon)]^q \sim \varepsilon^{\tau(q)} \tag{2.8}$$

式中　q——不同尺度下的分形属性。

$\tau(q)$ 可以定义为:

$$\tau(q) = \lim_{r \to 0} [\ln(\sum_i P_i(\varepsilon)^q)]/\ln(1/\varepsilon) \tag{2.9}$$

与 q 相关的广义维数 D_q 可表示为 (Halsey 等, 1986):

$$D_q = \tau(q)/(q-1) \tag{2.10}$$

也可以通过 $f(\alpha)$ 与参数 α 之间的关系来计算多重分形谱:

$$N(\alpha) \sim \varepsilon^{-f(\alpha)} \tag{2.11}$$

式中　$N(\alpha)$——概率为 $P_i(\varepsilon)$ 的奇异强度在 α 和 $\alpha+d\alpha$ 之间时所对应的盒子数。

$f(\alpha)$ 与广义维数 D_q 包含相同的信息, 可被定义为 (Halsey 等, 1986; Chhabra 和 Jensen, 1989):

$$f(\alpha(q)) = q\alpha(q) - \tau(q) \tag{2.12}$$

其中, $\alpha(q)$ 可定义为:

$$\alpha(q) = d\tau(q)/dq \tag{2.13}$$

2.1.1.5 间隙率分析

为了定量研究岩样孔隙结构的非均质性,引入了间隙率的概念。Mandelbrot（1983）引入的间隙率与分形维数一样,可用于描述孔径分布。间隙率表征的是具有平移不变性的几何对象的偏差,以及几何结构的间隙。结构间隙越宽或越大,对应的间隙率越高。

本文通过移动视窗的滑箱计数算法计算间隙率（Smith 等,1996；Plotnick 等,1993）。尺寸为 r 的盒子位于图像的左上角,盒子占据的网格数目可表示其质量。然后将盒子向右移动一列再次计算盒子质量。在图像的所有行和列上重复该过程,即可获得研究区域内质量 M 的频率分布情况,尺寸为 r 的盒子数量 $n(M, r)$ 对应着图像质量 (M),盒子的总数为 $N(r)$。如果图像大小为 P,则：

$$N(r) = (P - r + 1)^2 \tag{2.14}$$

然后可以通过频率分布计算概率分布 $Q(M, r)$（Backes,2013；Plotnick 等,1993）：

$$Q(M, r) = \frac{n(M, r)}{N(r)} \tag{2.15}$$

此分布的一阶矩和二阶矩可定义为：

$$A^{(1)} = \sum M Q(M, r) \tag{2.16}$$

$$A^{(2)} = \sum M^2 Q(M, r) \tag{2.17}$$

盒子间隙率（不均匀性）可定义为：

$$\Lambda(r) = \frac{A^{(2)}}{[A^{(1)}]^2} \tag{2.18}$$

假设以下两式均成立,则可认识 $\Lambda(r)$ 的统计行为：

$$A^{(1)} = u(r) \tag{2.19}$$

$$A^{(2)} = u(r)^2 + \sigma^2(r) \tag{2.20}$$

最后可以得到（Allain 和 Cloitre,1991；Malhi 和 Román-Cuesta,2008）：

$$\Lambda(r) = \frac{\sigma^2(r)}{u(r)^2} + 1 \tag{2.21}$$

这里 $\sigma^2(r)$ 代表每个盒子占据网格数目的方差,$u(r)$ 是每个盒子占据网格数目的平均值。然后改变盒子尺寸并重复这个过程,可获得不同盒子尺寸所对应的间隙率。

2.1.2 原子力显微镜（AFM）

AFM 的工作原理来自于扫描式隧道显微镜和针形轮廓仪（Binnig 等,1986）,是一项全新的描述方法。与 SEM 等其他类型的显微镜相比,AFM 的优势在于可在纳米尺度和埃米尺度上对表面特征进行描述,并可生成 3D 地形地貌图像,以用于研究深度、粗糙度和其他参数（Bruening 和 Cohen,2005）。AFM 技术现已广泛应用于生物学和材料科学研究,但在石油工程领域的应用仍然很少（Javadpour,2009；Javadpour 等,2012；Liu 等,2016a）。

AFM 工作机理可描述为：微悬臂的一端固定而另一端自由，当探针接近或离开表面时，悬臂由于交互力的变化而产生垂直移动。然后仪器可以探测到激光束所产生的偏转，并将相关信号传输到数据处理设备。其中接触模式和轻击模式已成为两种最常用的成像方法。在接触模式中悬臂的偏转保持恒定。这种模式的缺点在于，探针的拖曳会对岩样和探针造成一些潜在损伤，从而影响图像的准确性。该模式非常适合于表面较硬的岩样测量。为了克服接触模式的不足，研发出了一种轻击模式。该模式通过一个压电晶体使悬臂在其共振频率左右处产生振荡，从而实现在空气中的应用。

2.1.3 气体吸附

描述多孔介质的表面化学分析方法广泛采用了低压吸附测量技术。低压吸附现已应用于页岩孔隙结构的定量研究（Kuila 和 Prasad，2013；Cao 等，2016；Sun 等，2016）。氮气是吸附分析中应用最多的气体。受氮气分子大小和孔喉尺寸所限，用氮气吸附对微孔隙进行描述可能得不到准确的结果。因为 CO_2 吸附不受 2nm 以下孔隙尺寸的限制，所以转而采用 CO_2 吸附来分析此类介质的微孔隙结构（Tang 等，2003）。在孔径小于 200nm 时，组合使用氮气和二氧化碳吸附可以提供孔隙的整体分布信息。此处需要对气体吸附进一步进行解释。

在吸附测试之前，将岩样在 110℃ 下脱气至少 8h 以除去岩样孔隙中的水分和挥发性物质。在 77K 的温度下利用 Micromeritics® Tristar II 装置测量低压氮气吸附参数。在 273K 的温度下利用 Micromeritics® Tristar II plus 装置测量二氧化碳吸附参数。在 0.01~0.99 的相对平衡吸附压力（p/p_0）范围测量气体的吸附体积，其中 p 是系统蒸气压值，p_0 是氮气饱和压力（Liu 等，2017）。

气体吸附实验数据用于确定在不同相对压力（p/p_0）下的吸附气体量，其中 p_0 是溶剂的饱和压力，p 是系统的气体蒸气压。

假设相对压力接近于 1 时孔隙充满液体吸附物，则氮气吸附总体积为该相对压力（p/p_0）下的吸附蒸气总量。岩样的平均孔隙半径可由式（2.22）计算：

$$r_p = \frac{2V}{S} \qquad (2.22)$$

式中　V——氮气的总吸附体积；

S——根据 BET（Brunauer、Emmett 和 Teller）理论得到的表面积（Labani 等，2013）。

BJH 和 DH 模型可以根据氮气吸附参数计算孔径分布（PSD）情况，但是不能真实描述吸附气体在微孔中的填充情况，这样就会造成计算得到的微孔、中孔/介孔的尺寸偏小（Ravikovitch 等，1998）。对于氮气吸附，可以采用密度泛函理论（DFT）分子模型计算微孔、中孔/介孔的孔隙分布（Do and Do，2003）。对于二氧化碳吸附，需要采用非局部密度泛函理论（Amankwah 和 Schwarz，1995；Fan 和 Ziegler，1992）。

Mandelbrot（1982）提出了分形几何理论，能够描述自然界存在的不规则或碎裂形态，以及传统欧几里得几何无法描述的其他复杂对象（Lopes 和 Betrouni，2009）。分形维数（D）是分形几何中的关键参数，能够系统定量地描述不规则形态。现有多种分形模型可基于气体吸附理论来描述孔径，如 BET 模型、分形 FHH 模型和热动力学模型（Avnir 和 Jaroniec，1989；Cai 等，2011；Yao 等，2008）。其中，分形 FHH 模型已被证明是分析多孔介质分形行为最有效的方法（Yao 等，2008）。该模型针对的是分形表面毛细凝聚的区域。FHH 模型可用式（2.23）进行描述：

$$\ln V = \text{Constant} + (D-3)\ln\left\{\ln[1/(p/p_0)]\right\} \tag{2.23}$$

式中　V——总吸附体积；
　　　p——平衡压力；
　　　p_0——吸附饱和蒸气压；
　　　D——分形维数。

2.2　实例及结果

2.2.1　扫描电镜成像分析

2.2.1.1　图像处理

利用 FEI Quanta 650 SEM 电镜对尺寸为 $6.35 \times 4.42 \mu m^2$ 的岩样#1 进行扫描，得到 SEM 灰度图像［图 2.1（a）］，然后分析阈值对孔隙面积的影响。图 2.1（b）展示的是不同阈值所对应的孔隙面积（灰度图像的强度）（Liu 和 Ostadhassan，2017a，b，c）。

由图 2.1（b）所示的一系列图像可以发现，随着阈值增加，分割面积（白色区域）稳定增加。一旦阈值高于 70，用于捕获边界的光束相互作用体积发生变化，导致分割面积突然增加（Wong 等，2006；Goldstein 等，1981）。这种现象类似于流体充注孔隙的过程。当流体到达孔隙边缘附近之前，流体占据的孔隙体积稳定增加。一旦到达边缘附近，即达到临界点时，液体将溢出到周围区域，从而导致液体覆盖区域的突然增加。图 2.2（a）的阈值是 74.2，在该阈值下图像的分割孔隙面积如图 2.2（b）所示。

根据上述方法，分别采用高放大率（扫描面积 $21.19 \times 14.7 \mu m^2$）和低放大率（扫描面积 $127.15 \times 88.11 \mu m^2$）来确定四块岩样的阈值。得到的表面孔隙度见表 2.1。

表 2.1　巴肯层孔隙结构参数

岩样	地层	放大率	孔隙数量（个）	孔隙面积（%）	平均孔径（nm）
岩样#1	巴肯组上段	LM	15257	6.77	91.55
		HM	11220	6.47	15.94
岩样#2	巴肯组下段	LM	10738	4.03	89.31
		HM	5360	5.21	18.04
岩样#3	巴肯组中段	LM	7167	6.34	186.42
		HM	1053	6.96	30.09
岩样#4	巴肯组中段	LM	4532	6.5	211.63
		HM	702	4.046	29.66

注：HM 表示高放大率（图像尺寸 $21.19 \times 14.7 \mu m^2$），而 LM 表示低放大率（图像尺寸 $127.15 \times 88.11 \mu m^2$）。

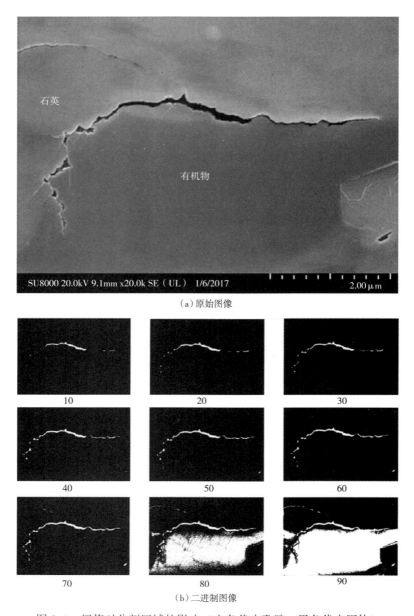

图 2.1 阈值对分割区域的影响（白色代表孔隙；黑色代表固体）

结果表明，在两种放大倍数下，这四块岩样的表面孔隙度均小于 7%，属于低孔隙度。在高放大率和低放大率下，巴肯组上段的孔隙数量都多于巴肯组中段的孔隙数，这是因为巴肯组上段中的黏土矿物含量高于巴肯组中段。因为与其他矿物基质相比，黏土基质中的孔隙最为发育、数量最多（Houben 等，2014）。在使用图像分析法时，需要注意的是在不同放大率下即便同一岩样的孔隙结构也可能存在差异（孔数、孔隙度和平均孔径），因此必须要研究放大率对孔隙结构的影响规律。

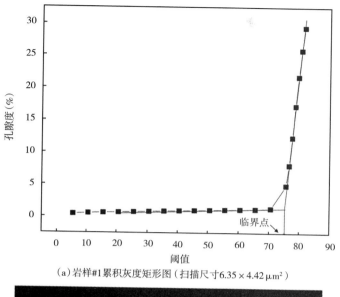

(a)岩样#1累积灰度矩形图（扫描尺寸6.35×4.42μm²）

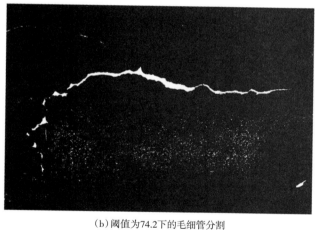

(b)阈值为74.2下的毛细管分割

图 2.2　应用溢流标准确定阈值水平以计算孔隙度大小

2.2.1.2　孔径分布分析

高、低放大率下得到的岩样孔径分布结果（PSD）如图 2.3 所示。

从图 2.3 中可以看出，无论放大率高低，这四块岩样的孔径分布大体上呈现出正偏态，这表明大多数孔隙的尺寸较小。在图 2.4 中出现几个异常值说明岩样中只存在少量的大孔隙，而大多数孔隙属于纳米级。

2.2.1.3　孔隙形状分布分析

这里通过宽高比和圆度两个指标来分析岩样的孔隙形状及其分布情况。如图 2.5 所示，宽高比分布特征呈现正偏态，而圆度分布特征呈现负偏态，说明许多孔隙具有较小的宽高比和较高的圆形度，趋近于圆形。

对孔隙结构进一步观察后可以推断，如果圆度值接近 0，这样的孔隙应该是微裂缝；如

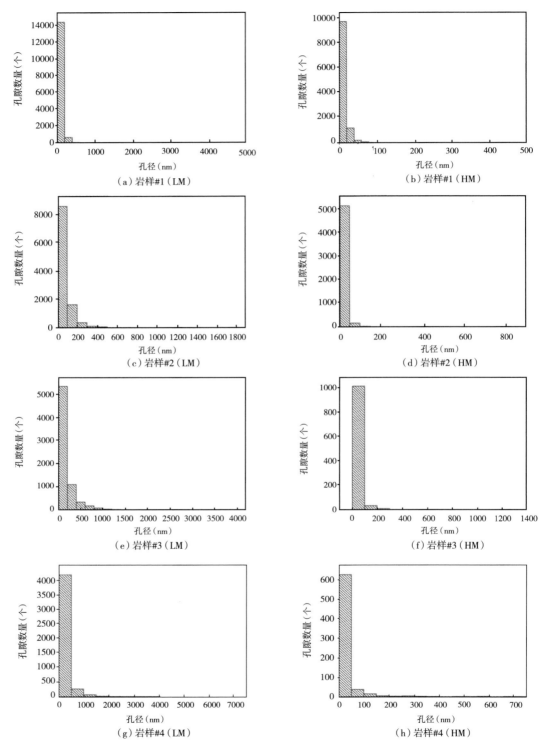

图 2.3 四块岩样的孔径分布

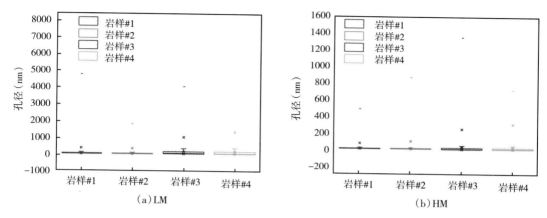

图 2.4　四块岩样孔隙面积分布图

果圆度接近 1，则说明孔隙多为圆形。根据圆度值，将孔隙分为三类：微裂隙（$C<0.2$）、中孔隙（$0.2\sim0.8$）和圆孔隙（$C>0.8$）。

在高、低放大率下对所有岩样的孔隙进行分组，结果见表 2.2 和表 2.3。与岩样#3 和岩样#4 的孔隙结构相比，岩样#1 和岩样#2 的圆孔隙更多但微裂隙较少。

表 2.2　不同形状的孔隙与整个扫描图像区域的比值

岩样	放大率	总孔隙度（%）	微裂隙（%）	中孔隙（%）	圆孔隙（%）
岩样#1	LM	6.771	2.283	2.851	1.618
	HM	6.47	2.423	2.732	1.298
岩样#2	LM	4.026	1.027	1.821	1.167
	HM	5.213	1.625	2.853	0.726
岩样#3	LM	6.343	2.542	3.198	0.589
	HM	6.956	5.408	1.455	0.092
岩样#4	LM	6.585	2.908	3.102	0.52
	HM	4.05	2.444	1.492	0.112

表 2.3　不同形状的孔隙与总孔隙面积的比值

岩样	放大率	微裂隙（%）	中孔隙（%）	圆孔隙（%）
岩样#1	LM	33.71732388	42.10604047	24.17663565
	HM	37.44976816	42.22565688	20.32457496
岩样#2	LM	25.50919026	45.23099851	29.25981123
	HM	31.17200000	54.72850000	14.09936697
岩样#3	LM	40.07567397	50.41778338	9.506542645
	HM	77.74583094	20.91719379	1.336975273
岩样#4	LM	44.16097191	47.1070615	8.731966591
	HM	60.34567901	36.83950617	2.814814815

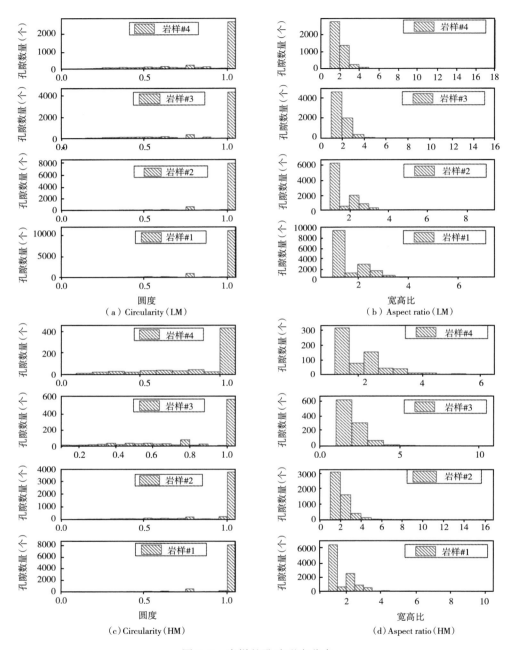

图 2.5 岩样的孔隙形态分布

四块岩样的孔隙结构分析结果表明,巴肯组上段的小尺寸圆孔隙比中段多,但中段的微裂缝更多,这一点与每个层段的矿物组成分析结果相一致。巴肯组上段岩石含有较多的黏土矿物(伊利石),而巴肯组中段含有更多的脆性矿物,如白云石、黄铁矿和长石,它们的存在对孔隙形状和结构有很大的影响(Liu 等,2016b)。

2.2.1.4 确定分形维数

接下来计算的是岩样孔隙空间的二维盒子数。图2.6显示的是在用 $6.35 \times 4.42 \mu m^2$ 的尺寸对岩样#1进行扫描时，不同尺寸的盒子覆盖的孔隙空间。图2.7显示了该图像的分形维数。

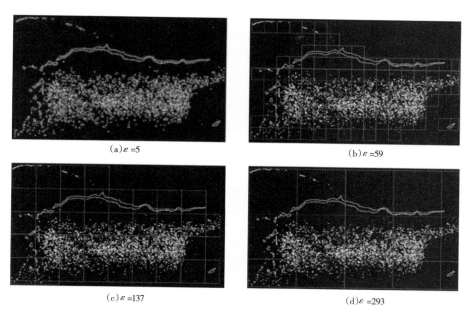

图 2.6　不同长度的网格覆盖岩样#1 的 SEM 图像

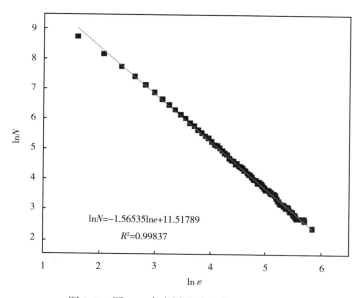

图 2.7　图 2.6 中岩样孔隙结构的分形维数

对图 2.7 中的数据进行拟合，发现 $\ln N$ 和 $\ln \varepsilon$ 之间存在明显的线性关系，其相关系数高于 0.99，表明岩样#1 的孔隙结构具有非常强的分形特征。随后计算所有岩样的分形维数。如表 2.4 所示，无论放大率的高低，所有岩样均呈现出明显的分形特征，其线性相关系数都很高。然而，孔隙结构的不同导致四块岩样的分形维数也不同。岩样#1 在高、低放大率下均具有最高的分形维数值，表明岩样#1 的孔隙结构最为复杂。在高放大率下，巴肯组上段比巴肯组中段的分形维数更高，原因在于黏土矿物中存在大量的小孔隙。

表 2.4 分形维数分析结果

岩样	放大率	D	R^2
岩样#1	LM	1.81444	0.99806
	HM	1.82341	0.99708
岩样#2	LM	1.75422	0.99685
	HM	1.71802	0.99444
岩样#3	LM	1.79201	0.99604
	HM	1.47195	0.99126
岩样#4	LM	1.73229	0.99211
	HM	1.38407	0.98966

2.2.1.5 不均匀性分析

根据 REA 的分析结果将所有岩样图像都保存成二进制格式，然后进行多重分形分析。图 2.8 给出了五块岩样的广义维数（D_q）与变量 q（在 -10 和 +10 之间）之间的关系曲线。

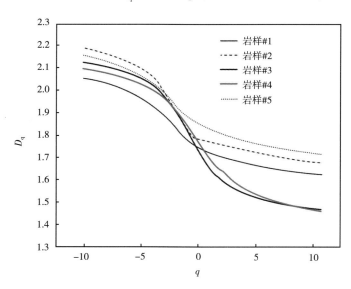

图 2.8 五个岩样图像的广维光谱

如图 2.8 所示，所有岩样的广义维数与变量 q 之间的关系曲线都呈 S 形。随着 q 的增加，D_q 明显降低。多重分形分析常用到 D_0、D_1 和 D_2 三个参数。D_0 称为容量维数，其提供结构分布的平均值，表征孔隙结构的复杂性。D_1 称为信息维数，D_2 称为关联维数（Li 等，2012）。表 2.5 列出了本次测试得到的五块岩样的参数值。

表 2.5 五个岩样的 D_0、D_1 和 D_2 值

岩样	D_0	D_1	D_2	D_1/D_0
岩样#1	1.7394	1.7149	1.6990	0.9859
岩样#2	1.7846	1.7716	1.7576	0.9927
岩样#3	1.7243	1.6495	1.5993	0.9566
岩样#4	1.7637	1.6930	1.6419	0.9599
岩样#5	1.8496	1.8289	1.8115	0.9888

如表 2.5 所示，所有五块岩样均具有相同的特征：$D_0>D_1>D_2$，表明五块岩样的孔隙分布均呈现多重分形特征。岩样#5 的 D_0 值最高而岩样#3 的 D_0 值最小，说明岩样#5 的孔隙结构最为复杂，而岩样#3 则相对简单。D_1/D_0 比值表征的是孔隙度的分散情况，因为该比值提供的是孔隙分布的比例变异而非绝对变异（Mendoza 等，2010）。相应地，在本次研究所测试的五块岩样中，岩样#2 的 D_1/D_0 比值最高，而岩样#3 最低。

通过多重分形谱图可以研究岩样的孔隙分布情况。图 2.9（a）显示了五个岩样 α_q 和 q 之间的关系。与 D_q 类似，α_q 也随着 q 的增加而减少。当 $q<0$ 时，α_q 先缓慢降低随后突然下降。图 2.9（b）显示了 $f(\alpha)$ 和 α_q 之间的关系。由于五块岩样的 D_0 值存在差异，所以各岩样的光谱顶点并不重合，存在一定的偏移。因为岩样#5 的 D_0 值最大，所以其 $f(\alpha)$ 值也最大。

从图 2.9（a）曲线可读取 α_{max} 和 α_{min}，它们表示像素最大概率和最小概率的波动情况（Costa 和 Nogueira，2015）。可以对奇异长度 $\Delta\alpha(\Delta\alpha = \alpha_{max} - \alpha_{min})$ 进一步扩展，并且可基于式（2.24）计算出奇异谱（A）的曲线不对称值（Hu 等，2009；Shi 等，2009）：

$$A = \frac{\alpha_0 - \alpha_{min}}{\alpha_{max} - \alpha_0} \tag{2.24}$$

将所有岩样的 A 值均列于表 2.6 中。岩样#3 的 $\Delta\alpha$ 值最高，而岩样#1 的 $\Delta\alpha$ 值最低。样本#3 的概率分布最大、多重分形最强。岩样#1、岩样#2 和岩样#5 的不对称值小于 1，即曲线向左偏斜，表明指数较低和波动轻微，而岩样#3 和岩样#4 的不对称值大于 1，表明指数较大和波动剧烈。

表 2.6 岩样奇点光谱（A）$\Delta\alpha$ 值和不对称值

岩样	α_{max}	α_{min}	α_0	$\Delta\alpha$	A
岩样#1	2.1688	1.5615	1.7711	0.6073	0.5270
岩样#2	2.3009	1.6157	1.7973	0.6852	0.3606
岩样#3	2.2210	1.4062	1.8156	0.8148	1.0099
岩样#4	2.1826	1.3855	1.8464	0.7971	1.3709
岩样#5	2.2792	1.6544	1.8748	0.6248	0.5450

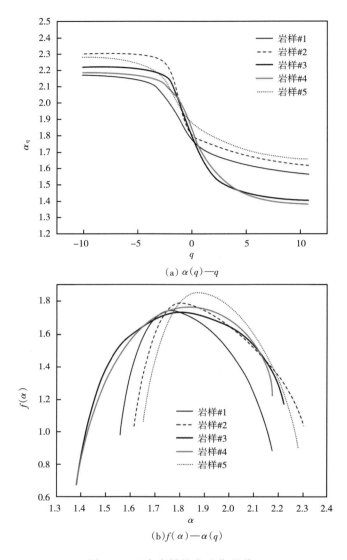

图 2.9 五个岩样的多重分形谱

α_0 和 D_0 的差值大小可用于表征非均质性的强弱（Li 等，2012）。图 2.10 显示了五块岩样的 α_0 与 D_0 之间的关系图。所有岩样的数据点均偏离 45°线，表明岩样都具有非均质性，因此应该用多重分形光谱而不是单分形维度来进行描述。从图 2.10 可以看出，岩样#3 的偏离程度最大，表明岩样#3 的非均质性最强。

更改移动窗口的大小并计算相关间隙率。作为示例，图 2.11 展示了岩样#1 在不同尺度下的图像网格。然后针对移动窗口的一系列不同尺寸，求出间隙率值，将结果绘制在双对数坐标轴中，如图 2.12 所示。无一例外，随着盒子尺寸的增加，间隙率值均减小。这是因为当空间尺度较小时，移动窗口的尺寸远小于图像组件的尺寸，并且大多数盒子被占用或者被留空。这种情况下，单个移动窗口中所占用网格数量的方差就很大，计算得到的间隙

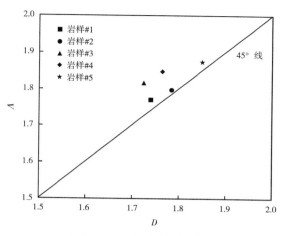

图 2.10　五个样本的均质性

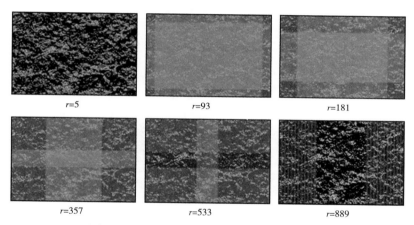

图 2.11　不同长度网格下岩样#1 的 SEM 图像

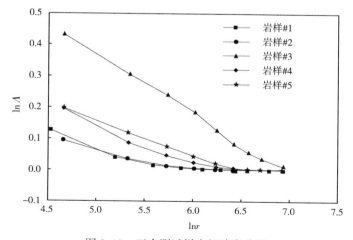

图 2.12　五个测试样本间隙率分析

率就较高。随着盒子尺寸的增加，移动窗口的大小随之增加，并且变得大于图像中任何重复空间图案形态，单个移动窗口所占用网格数量的方差减小，间隙率趋于 1.0（即对数值倾向于零）（Malhi 和 Román-Cuesta，2008）。岩样#1 和岩样#2 的曲线位于岩样#3、岩样#4 和岩样#5 曲线的下方，表明其间隙率值较小。

将非均质性从某一方向和某一系列的网格尺寸取平均值，然后根据式（2.25）（Costa 和 Nogueira，2015）计算平均间隙率：

$$\Lambda = \frac{\left[\sum_i (1 + \sigma(r)/u(r)^2\right]}{n(M, r)} \tag{2.25}$$

五块岩样的计算结果如图 2.13 所示。

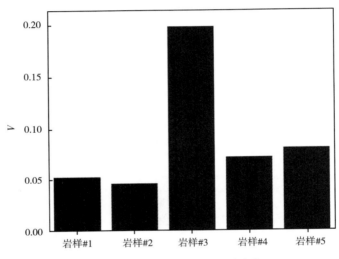

图 2.13 五个测试样本的间隙率值

该图显示岩样#3 间隙率值最高，而岩样#2 间隙率值最低。如前所述，岩样的间隙率越高，孔隙间隙越大，非均匀性越强。总之，根据间隙率分析可知，岩样#3 的孔隙结构最不均匀。把间隙率分析和多重分形分析的结果进行对比可得到相同的结果，即岩样#3 最不均匀，而岩样#2 最均匀，说明研究岩样非均质性时，使用多重分形理论和间隙率方法可得到相同的结果。

2.2.2 原子力显微镜分析

图 2.14（a）显示了原子力显微镜的探针接近岩样的一个测试点及其缩回过程中受力（V）和高度（Z）之间的关系（Liu 等，2017）。当悬臂远离岩样表面时，没有检测到相互作用力；当悬臂接近表面时，诸如范德华静电力之类的力就会发挥作用。当逐渐增加的吸引力超过弹簧常数，探针开始接触表面。当探针从特定点（附着力点）缩回时，弹簧常数超过附着力梯度，探针突然从岩样脱离返回至平衡位置（Kumar 等，2008）。图 2.14（b）给出了探针接近样本不同测试点时的曲线及其缩回曲线。从该图中发现不同的测试点具有不同的接触点，随后综合考虑测试点的位置与接触点值，即得到样本表面的形态图像。

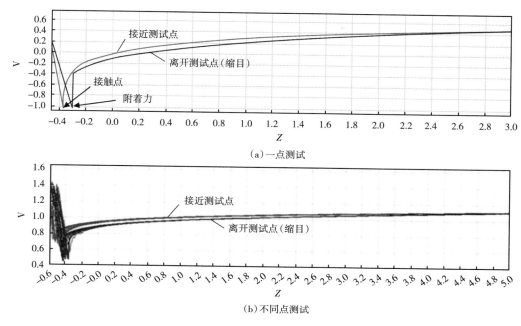

图 2.14 接近和缩回曲线

图 2.15（a）显示的是巴肯储层一个岩样的表面形态 2D 图。图中的色差表示高度差。图像中颜色越深，测试点深度越小。图 2.15（b）是岩样表面形态的 3D 图像，可以更直接地分辨高度差。

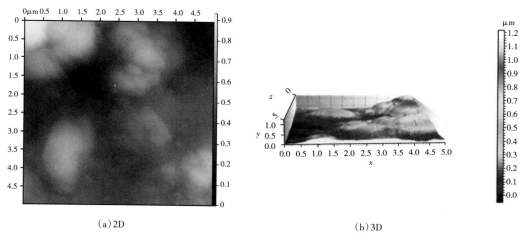

图 2.15 页岩岩样的 AFM 图像

由于岩样经过抛光，可认为其表面非常平坦，因此不同测试点之间的高度差可认为是由孔隙的存在造成的。将最高点视为岩样表面，然后将研究点和最高点之间的高度差定义为孔隙深度。图 2.16（b）给出了沿图 2.16（a）中扫描线的孔隙深度。该扫描线中的最大孔深为 0.5687μm。图 2.6 (c) 显示的是直径为 2.43μm、深度为 0.55621μm 的典型孔隙。然后计算表 2.7 所示的孔隙表面积和体积。结果表明，该孔隙的表面积约为 1.03μm²，体积约为 0.04467μm³。这进一步证明了 AFM 可以用于孔隙深度的确定，也可用于估计超出 SEM 测试范围的那部分孔隙的体积（Hirono 等，2006）。

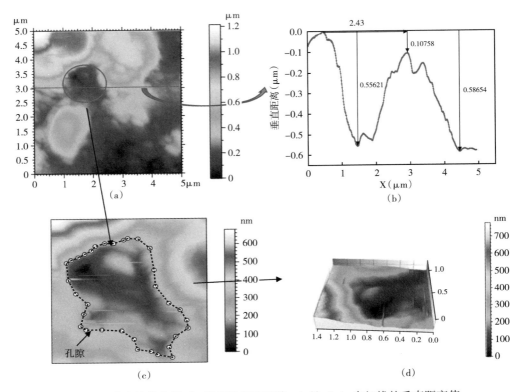

图 2.16　孔隙结构分析 [a 是岩样表面图像，b 是 (a) 中红线的垂直距离值，c 是从 (a) 中提取的孔隙图像，d 是 (c) 的 3D 形式]

表 2.7　从图 2.16 (c) 分析的孔隙参数

参数	数值	单位
平坦区域	1.03	μm²
凹陷区	1.32	μm²
体积	44676431	nm³
周长	4.4	μm

孔径分布对于岩石吸附性质的确定很重要。确定图 2.16 (a) 中红线各点的孔隙深度分布时采用了统计分析法，结果如图 2.17 所示。根据图 2.17 (a) 可知，深度大于 0.56μm 的孔隙最多，而深度约等于 0.08μm 的孔隙最少。图 2.17 (b) 中孔隙深度分布概率图显示了孔隙深度的平均值为 0.3108μm，并且约 70% 的孔隙深度小于 0.5μm。

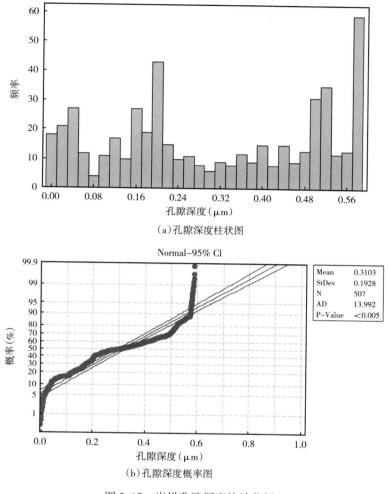

图 2.17 岩样孔隙深度统计分析

基于不同测试点的不同深度,可得到整个岩样表面各点的深度分布情况。如图 2.18 所示,岩样表面各点的深度变化范围为 0~1.2μm,超过 50% 的孔隙深度大于 0.6μm。扫描岩样表面的最大孔隙深度为 1.15445μm,超过 60% 的孔隙深度介于 0.8~1.1μm。

2.2.3 气体吸附

2.2.3.1 氮气吸附曲线分析

图 2.19 给出的是巴肯岩样的氮气吸附数据。在相对压力极低时,氮气首先充注的是微孔,吸附量取决于微孔体积。随着相对压力增加,逐渐形成多层吸附。图 2.19(a)中等温吸附曲线的尾端呈现上翘的趋势,表示单层吸附的结束和多层吸附的开始,表明岩样中存在中孔/介孔和宏孔。在较高的相对压力下,孔隙中的气体开始冷凝。应该注意的是,孔径不同时气体开始冷凝的压力水平也不同。巴肯组中段岩样解吸/脱附曲线[图 2.19(b)]显示,气体吸附量随着相对压力降低而减少。在解吸到一定程度后,解吸曲线与吸附曲线

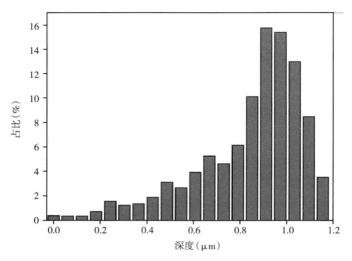

图 2.18 整个岩样表面孔隙深度分布的统计分析

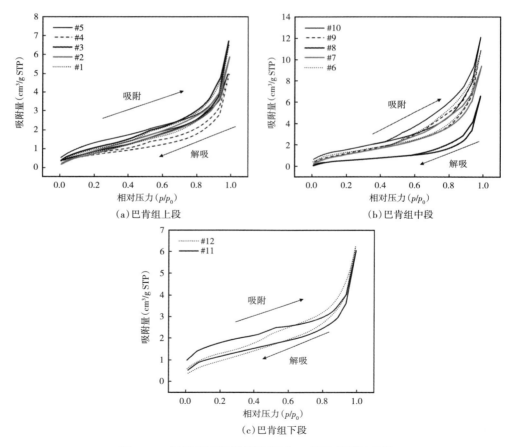

(a) 巴肯组上段

(b) 巴肯组中段

(c) 巴肯组下段

图 2.19 巴肯组页岩岩样的低压 N_2 等温吸附解吸线

重合，即所谓的"抗拉强度效应"（Groen 等，2003）。巴肯组中段岩样中存在中孔/介孔，导致孔吸附曲线与解吸曲线之间形成滞回环［图 2.19（b）］(Liu 等，2017）。

气体吸附过程中发生毛细冷凝，并持续处于亚稳态流动状态，而在解吸过程中通过半球形弯液面发生毛细蒸发现象。通过冷凝和蒸发即可把蒸汽和毛细冷凝相分离开来（Groen 等，2003）。如图 2.19（b）所示，滞回环在一定相对压力值时突然消失，表明在巴肯组中段岩样中存在小于 4nm 的孔隙。这是因为，在孔径小于 4nm 的孔隙中发生毛细蒸发时，半球形弯液面会坍塌。根据滞回环的形状可判断多孔介质的孔隙类型。如图 2.19 所示，巴肯组中段岩样的解吸过程在临界相对压力下具有明显的屈服点。当相对压力大于屈服点压力时，吸附曲线和解吸曲线都急剧变陡，滞后区域变窄，表明巴肯组中段储层存在板式孔隙。巴肯组上段和下段岩样的滞回环区域较宽，吸附曲线和解吸曲线从解吸过程的开始直到结束都较为平直，表明储层为泥沙状孔隙。与巴肯组中段岩样相比，巴肯组上下段岩样的滞后区域不会突然消失，并且没有发生明显的强制闭合［图 2.19（a）、(c)］，说明这两段储层含有大量直径小于 4nm 的孔隙（Cao 等，2015）。巴肯组中段的板状孔隙和上下段的泥沙状孔隙由于开度较大，所以有利于烃类的流动。本书中所有岩样的测试曲线均未出现相对压力接近 1 的水平平台，表明巴肯组页岩岩样中含有一系列通过氮气吸附法无法进行分析的宏观孔隙（Cao 等，2016；Schmitt 等，2013）。

2.2.3.2 氮气吸附的 PSD 分析

由于抗拉强度效应的存在，基于解吸曲线只能估计直径在 4~5nm 之间的孔隙分布。这个孔径范围过窄，无法准确描述孔隙结构。因此这里只选择吸附曲线用于 PSD 分析。图 2.20 给出了基于 DFT 理论的岩样孔径分布情况。所有岩样的 PSD 曲线都呈现出多模态特征，即具有数个体积峰值。孔隙结构分析可得出以下结论。

（1）巴肯组中段的孔隙体积和平均孔径均大于巴肯组上段和下段（表 2.8）。

表 2.8 低压氮吸附分析结果

岩样	巴肯组	BET 表面积 (m^2/g)	总孔隙体积 ($cm^3/100g$)	微中孔隙 ($cm^3/100g$)	平均孔径 (nm)
岩样#1	上层	3.292	0.937	0.829	11.384
岩样#2	上层	3.785	0.887	0.765	9.370
岩样#3	上层	3.481	1.003	0.890	11.525
岩样#4	上层	2.624	0.476	0.435	7.262
岩样#5	上层	4.08	0.747	0.697	7.321
岩样#6	中层	5.021	1.372	1.265	10.929
岩样#7	中层	4.823	1.425	1.256	11.818
岩样#8	中层	2.197	0.998	0.874	18.179
岩样#9	中层	4.765	1.633	1.462	13.711
岩样#10	中层	5.934	1.525	1.409	10.277
岩样#11	下层	4.359	0.499	0.469	4.581
岩样#12	下层	3.897	0.856	0.777	8.784

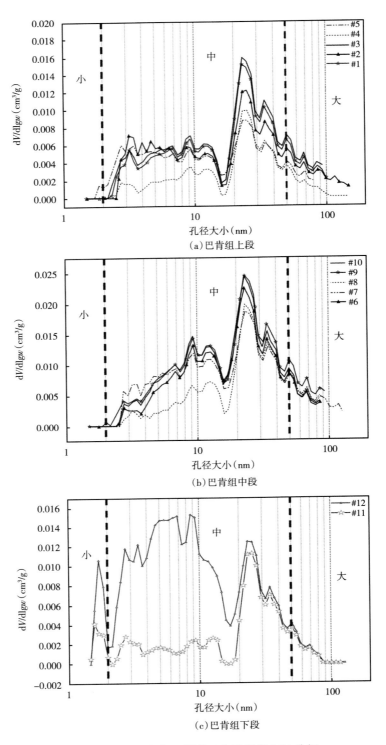

图 2.20 基于氮气吸附的巴肯组岩样 PSD 分析

（2）宏观孔隙体积与平均孔径之间存在正相关关系［图2.21（a）］；总孔隙体积和孔径之间也存在正相关关系［图2.21（b）］。

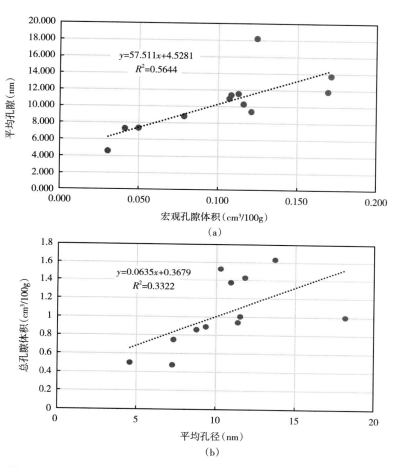

图2.21　平均孔径与（a）宏观孔隙体积、（b）总孔隙体积的关系曲线

（3）平均孔径与BET表面积之间总体上存在负相关关系［图2.22（a）］。当微观—介观孔隙体积增加时，BET表面积也呈现增加的趋势［图2.22（b）］，而大孔隙体积和BET表面积之间不存在明显的关系［图2.22（c）］。

2.2.3.3　分形分析

由前人的研究（Sun等，2016）可知，氮气等温吸附线可分为两个主要区域［图2.23（a）］。区域1对应的是单层—多层吸附，范德华力占主导地位；区域2对应的是毛细冷凝，表面张力占主导地位（Khalili等，2000；Qi等，2002）。把氮气等温吸附曲线分成两个区域，然后分别分析它们的分形行为。D_1可以反映区域1的分形行为，D_2表示区域2的分形行为［图2.23（b）］。岩样分形分析的结果见表2.9。分析结果表明，对于所有样本，区域2（D_2）的分形维数大于区域1（D_1）。这是因为D_2代表的是在页岩孔隙中的气簇毛细冷凝，而D_1值代表的是单层—多层吸附。随着气体吸附量增多，更多气体分子可以覆盖于外

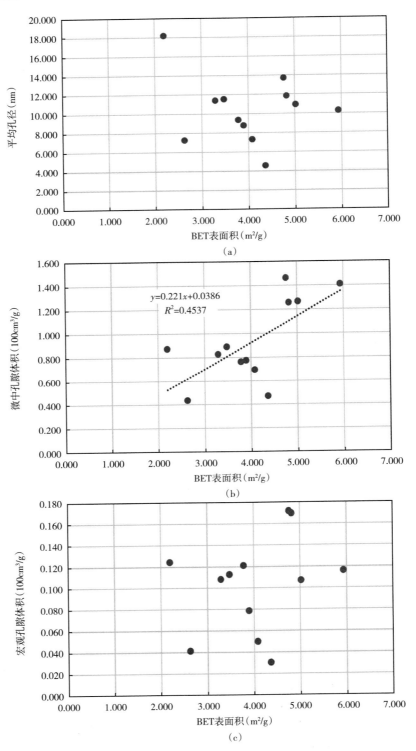

图 2.22 BET 表面积与（a）平均孔径、（b）微观—介观孔隙体积、（c）宏观孔隙体积的关系曲线

轮廓表面，从而增加表面分形维数（Sahouli 等，1997 年；Tang 等，2016）。D_2 大于 D_1 还可以表明页岩岩样的孔隙结构比孔隙表面更为复杂。与巴肯组上段和下段岩样相比，巴肯组中段岩样的平均 D_1 值更高而 D_2 值更低，表明其具有更为不规则的孔隙表面和更简单的孔隙结构。

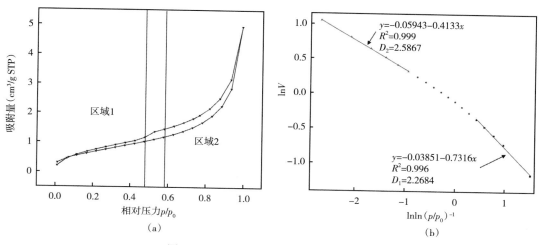

图 2.23 巴肯组岩样的分形分析（#4）

表 2.9 巴肯组岩样的分形分析

岩样	巴肯组	斜率	D_1	R^2	斜率	D_2	R^2
岩样#1	上层	0.769	2.231	0.998	0.368	2.632	0.991
岩样#2	上层	1.297	1.703	0.999	0.269	2.731	0.993
岩样#3	上层	0.885	2.115	0.997	0.359	2.641	0.995
岩样#4	上层	0.732	2.268	0.996	0.413	2.587	0.999
岩样#5	上层	0.952	2.048	0.999	0.270	2.730	0.994
岩样#6	中层	0.632	2.368	0.999	0.519	2.481	0.998
岩样#7	中层	1.107	1.893	0.996	0.456	2.544	0.996
岩样#8	中层	0.868	2.132	0.997	0.602	2.398	0.999
岩样#9	中层	0.724	2.276	0.996	0.500	2.500	0.997
岩样#10	中层	0.662	2.338	0.999	0.470	2.530	0.997
岩样#11	下层	0.818	2.182	0.990	0.298	2.703	0.999
岩样#12	下层	0.895	2.105	0.994	0.304	2.697	0.994

进一步分析分形维数（D_2）与孔隙结构之间的相关性。如图 2.24 所示，分形维数 D_2 与总孔体积以及平均直径之间均存在负线性关系。巴肯组页岩岩样孔隙体积较小，平均孔径较小，而分形维数 D_2 较高，表明岩样孔隙结构更为复杂。

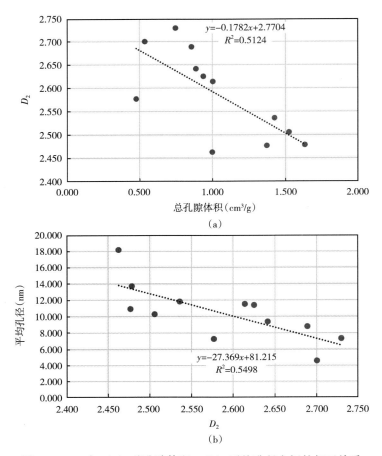

图 2.24 D_2 与（a）总孔隙体积、（b）平均孔径之间的相互关系

2.2.3.4 CO_2 吸附分析

CO_2 气体吸附结果可用于表征尺寸小于 2nm 的孔隙。图 2.25 给出了本书中所有岩样的 CO_2 等温吸附曲线。巴肯组上段和下段的 CO_2 等温吸附线具有相似的形状。随着相对压力从 0 开始上升，吸附量快速增加，然后在相对压力达到临界点后缓慢增加。随着相对压力的增加，巴肯组中段岩样中 CO_2 吸附量加速增加，这是因为随着相对压力增加，CO_2 首先被吸收进较小的孔隙中然后进入相对较大的孔隙中。巴肯组上段、下段和中段储层 CO_2 等温吸附线之间的差异源于它们的微观孔隙结构存在不同。如表 2.10 所示，巴肯组上段、下段的微孔数量比中段更多（约 3 倍）。

表 2.10 CO_2 吸附的孔径分析

岩样	巴肯组	微孔<2nm（$cm^3/100g$）	微孔<1nm（$cm^3/100g$）
岩样#1	上层	0.159	0.025
岩样#2	上层	0.152	0.025
岩样#3	上层	0.126	0.020

续表

岩样	巴肯组	微孔<2nm（cm³/100g）	微孔<1nm（cm³/100g）
岩样#4	上层	0.146	0.025
岩样#5	上层	0.186	0.039
岩样#6	中层	0.048	0.000
岩样#7	中层	0.035	0.000
岩样#8	中层	0.019	0.000
岩样#9	中层	0.028	0.000
岩样#10	中层	0.048	0.000
岩样#11	下层	0.128	0.024
岩样#12	下层	0.090	0.020

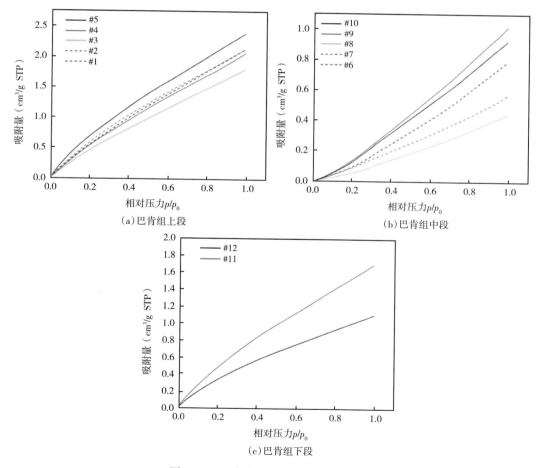

图 2.25 巴肯岩样的 CO_2 吸附等温线

孔径小于 1nm 的孔隙存在于巴肯组上段、下段储层。对于巴肯页岩来说，尺寸为 1~2nm 的孔隙是微孔总孔体积的主要贡献者。

2.2.3.5 全范围孔径分析

CO_2 吸附曲线可以表征小于 2nm 的微孔，而氮气吸附的优势在于可确定中孔/介孔和宏孔（小于 200nm）。在本节中，将两种分析方法得到的孔径分布结果相结合来研究孔隙结构。图 2.9 中的蓝色曲线为五块岩样的孔径分布（小于 200nm）。这里应用反褶积方法确定已知分布中每个孔径区间的平均尺寸和标准偏差。孔径区间可以通过孔径分布曲线上明显存在的峰值予以划分。不管单个实验结果符合何种概率分布，通常都采用高斯/正态分布来描述实验结果。Ulm 等人（2007）详细地介绍了反褶积方法的步骤。在该方法中，假设孔径分布可以分为 n 个明显不同的区间。其中第 J 个区间占总孔隙度的体积分数为 f_J。这里，$J=1, n$。假设第 J 个区间的理论概率密度函数（PDF）为正态分布：

$$P_J(x_i, U_J, S_J) = \frac{2}{\sqrt{2\pi(S_J)^2}} \exp\left\{\frac{-[x_i-(U_J)]^2}{2(S_J)^2}\right\} \tag{2.26}$$

式中 U_J，S_J——第 J 个区间的孔径平均值和均方差（$J=1,\cdots,n$）。

通过式（2.27）可以减小加权理论概率分布函数（PDF）和实验 PDF 数据之间的差异，进而推导出未知数 $\{f_J, U_J, S_J,\}$：

$$\min\left[\sum_{i=1}^{m}\sum_{J}^{N}\left(\sum_{J}^{n}f_J P_J(x_i, U_J, S_J) - P_x(x_i)\right)^2\right] \tag{2.27}$$

$$\sum_{J=1}^{n} f_J = 1 \tag{2.28}$$

式中 $P_x(x_i)$——孔径 x_i 测量值的归一化分布频率；
m——间隔（箱）的数量。

为了确保不同孔径区间的差异足够明显，连续两个区间的高斯分布曲线之间的重叠部分受到以下标准的约束（Sorelli 等，2008）：

$$U_J + S_J < U_{J+1} + S_{J+1} \tag{2.29}$$

图 2.26 给出的彩色曲线为岩样的反褶积结果，其中的红色虚线为反褶积区间的拟合和。所有岩样的拟合系数均大于 0.85，表明实验数据与理论模型的符合率很高。可以看出，巴肯组上段、中段和下段的孔隙具有五个典型的孔径区间。岩样的反褶积结果表明，巴肯组岩样（巴肯组上、中和下层段页岩）具有相似的孔径区间。第 1 个孔径区间属于微尺度，平均孔径约为 1.5nm，可定义为微孔；第 5 个区间属于宏观尺度，平均孔径大于 50nm，可定义为宏孔。其他三个区间都属于介观尺度，平均孔径分别为 9nm（#2 区间）、24nm（#3 区间）和 34nm（#4 区间），可定义为中孔/介孔。通过对比每个孔径区间所占的体积可以发现，巴肯组上段、下段的微观孔隙所占的百分比高于巴肯组中段。

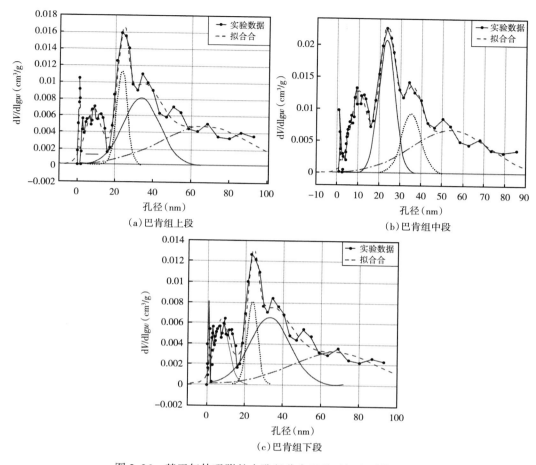

图 2.26 基于气体吸附的全孔径分布及其反褶积计算结果

参 考 文 献

Allain C, Cloitre M. 1991. Characterizing the lacunarity of random and deterministic fractal sets. Phys Rev Ann 44: 3552-3558.

Amankwah KAG, Schwarz J A. 1995. A modified approach for estimating pseudo-vapor pressures in the application of the Dubinin-Astakhov equation. Carbon 33: 1313-1319.

Anovitz L M, Cole D R. 2015. Characterization and analysis of porosity and pore structures. Rev Miner Geochem 80 (1): 61-164.

Avnir D, Jaroniec M. 1989. An isotherm equation for adsorption on fractal surfaces of heterogeneous porous materials. Langmuir 5 (6): 1431-1433.

Backes A R. 2013. A new approach to estimate lacunarity of texture images. Pattern Recognit Lett 34 (13): 1455-1461.

Binnig G, Quate C F, Gerber C. 1986. Atomic force microscopy. Phys Rev Lett 56 (9): 930-933.

Boadu F K. 2000. Predicting the transport properties of fractured rocks from seismic information: numerical experiments. J Appl Geophys 44 (2-3): 103-113.

Bogner A, Jouneau P H, Thollet G, Basset D, Gauthier C. 2007. A history of scanning electron microscopy developments: towards "wet-STEM" imaging. Micron 38 (4): 390-401.

Bruening F A, Cohen A D. 2005. Measuring surface properties and oxidation of coal macerals using the atomic force microscope. Int J Coal Geol 63: 195-204.

Cai Y, Liu D, Yao Y, et al. 2011. Fractal characteristics of coal pores based on classic geometry and thermodynamics models. Acta Geol Sin (English) 85 (5): 1150-1162.

Cao T T, Song Z G, Wang S B, et al. 2015. A comparative study of the specific surface area and pore structure of different shales and their kerogens. Sci China Earth Sci 58 (4): 510-522.

Cao Z, Liu G, Zhan H, et al. 2016. Pore structure characterization of Chang-7 tight sandstone using MICP combined with N2GA techniques and its geological control factors. Sci Rep-UK 6: 36919.

Chhabra A, Jensen R V. 1989. Direction of determination of the f(a) singularity spectrum. Phys Rev Lett 62 (12): 1327-1330.

Costa EVL, Nogueira R A. 2015. Fractal, multifractal and lacunarity analysis applied in retinal regions of diabetic patients with and without nonproliferative diabetic retinopathy. Fractal. Geom Nonlinear Anal Med Biol 1 (3): 112-119.

Cox E P. 1927. A method of assigning numerical and percentage values to the degree of roundness of sand grains. J Paleontol 1 (3): 179-183.

Do D D, Do H D. 2003. Pore characterization of carbonaceous materials by DFT and GCMC simulations: a review. Adsorpt Sci Technol 21 (5): 389-423.

Fan L, Ziegler T. 1992. Nonlocal density functional theory as a practical tool in calculations on transition states and activation energies. Applications to elementary reaction steps in organic chemistry. J Am Chem Soc 114: 10890-10897.

Feder J. 1988. Fractals. Plenum Press, New York.

Goldstein J I, Newbury D E, Echlin P. 1981. Scanning electron microscopy and X-ray microanalysis. A text for biologists, material scientists, and geologists, Plenum Press, New York, 673 p.

Groen J C, Peffer LAA, Pérez-Ramírez J. 2003. Pore size determination in modified micro-and mesoporous materials. Pitfalls and limitations in gas adsorption data analysis. Micropor Mesopor Mat 60 (1): 1-17.

Halsey T C, Hensen M H, Kadanoff L P, et al. 1986. Fractal measures and their singularities: the characterization of strange sets. Phys Rev A 33 (2): 1141-1151.

Hirono T, Lin W, Nakashima S. 2006. Pore space visualization of rocks using an atomic force microscope. Int J Rock Mech Min Sci 43: 317-320.

Houben M E, Desbois G, Urai J L. 2014. A comparative study of representative 2D microstructures in Shale and Sandy facies of Opalinus Clay (Mont Terri, Switzerland) inferred from BIB-SEM and MIP methods. Mar Pet Geol 49: 143-161.

Hu M G, Wang J F, Ge Y. 2009. Super-resolution reconstruction of remote sensing images using multifractal analysis. Sensors 9 (11): 8669-8683.

Javadpour F. 2009. CO_2 injection in geological formations: determining macroscale coefficients from pore scale processes. Transp Porous Med 79: 87-105.

Javadpour F, Farshi M M, Amrein M. 2012. Atomic force microscopy: a new tool for gas-shale characterization. J Can Pet Technol 51 (04): 236-243.

Joos J, Carraro T, Weber A, Ivers-Tiffée E. 2011. Reconstruction of porous electrodes by FIB/SEM for detailed microstructure modeling. J Power Sour 196 (17): 7302-7307.

Khalili N R, Pan M, Sandi G. 2000. Determination of fractal dimensions of solid carbons from gas and liquid phase adsorption isotherms. Carbon 38 (4): 573-588.

Kuila U, Prasad M. 2013. Specific surface area and pore-size distribution in clays and shales. Geophys Prospect 61 (2): 341-362.

Labani M M, Rezaee R, Saeedi A, et al. 2013. Evaluation of pore size spectrum of gas shale reservoirs using low pressure nitrogen adsorption, gas expansion and mercury porosimetry: a case study from the Perth and Canning Basins, Western Australia. J Petrol Sci Eng 112: 7-16.

Li L, Chang L, Le S, Huang D. 2012. Multifractal analysis and lacunarity analysis: A promising method for the automated assessment of muskmelon (*Cucumis melo L.*) epidermis netting. Comput Electron Agric 88: 72-84.

Liu K, Ostadhassan M. 2017a. Quantification of the microstructures of Bakken shale reservoirs using multi-fractal and lacunarity analysis. J Nat Gas Sci Eng 39: 62-71.

Liu K, Ostadhassan M. 2017b. Microstructural and geomechanical analysis of Bakken shale at nanoscale. J Pet Sci Eng 153: 133-144.

Liu K, Ostadhassan M. 2017c. Multi-scale fractal analysis of pores in shale rocks. J Appl Geophys 140: 1-10.

Liu K, Ostadhassan M, Bubach B. 2016a. Pore structure analysis by using atomic force microscopy. URTEC 2448210.

Liu K, Ostadhassan M, Jabbari H, Bubach B. 2016b. Potential application of atomic force microscopy in characterization of nano-pore structures of Bakken formation. In: Society of petroleum engineers, 2016.

Liu K, Ostadhassan M, Zhou J, Gentzis T, Rezaee R. 2017. Nanoscale pore structure characterization of the Bakken shale in the USA. Fuel 209: 567-578.

Lopes R, Betrouni N. 2009. Fractal and multifractal analysis: a review. Med Image Anal 13 (4): 634-649.

Malhi Y, Román-Cuesta R M. 2008. Analysis of lacunarity and scales of spatial homogeneity in IKONOS images of Amazonian tropical forest canopies. Remote Sens Environ 112 (5): 2074-2087.

Mandelbrot B B. 1982. The fractal geometry of nature. Freeman, New York.

Mandelbrot B B. 1983. The fractal geometry of nature. WH Freeman & Co., New York.

Mendoza F, Verboven P, Ho Q T, et al. 2010. Multifractal properties of pore-size distribution in apple tissue using X-ray imaging. J Food Eng 99 (2): 206-215.

Plotnick R E, Gardner R H, O'Neill R V. 1993. Lacunarity indices as measures of landscape texture. Lands Ecol 8 (3): 201-211.

Qi H, Ma J, Wong P. 2002. Adsorption isotherms of fractal surfaces. Colloid Surf A 206 (1): 401-407.

Ravikovitch P I, Haller G L, Neimark A V. 1998. Density functional theory model for calculating pore size distributions: pore structure of nanoporous catalysts. Adv Colloid Interfac 76: 203-226.

Russel D A, Hanson J, Ott E. 1980. Dimension of strange attractors. Phys Rev Lett 45 (14): 1175-1178.

Sahouli B, Blacher S, Brouers F. 1997. Applicability of the fractal FHH equation. Langmuir 13 (16): 4391-4394.

Sanyal D, Ramachandrarao P, Gupta O P. 2006. A fractal description of transport phenomena in dendritic porous network. Chem Eng Sci 61 (2): 307-315.

Schmitt M, Fernandes C P, da Cunha Neto J A B, et al. 2013. Characterization of pore systems in seal rocks using nitrogen gas adsorption combined with mercury injection capillary pressure techniques. Mar Pet Geol 39 (1): 138-149.

Shi K, Liu C Q, Ai N S. 2009. Monofractal and multifractal approaches in investigating temporal variation of air pollution indexes. Fractals 17: 513-521.

Smith T G, Lange G D, Marks W B. 1996. Fractal methods and results in cellular morphology—dimensions, lacunarity and multifractals. J Neurosci Methods 69 (2): 123–136.

Sorelli L, Constantinides G, Ulm F-J, Toutlemonde F. 2008. The nano-mechanical signature of ultra high performance concrete by statistical nanoindentation techniques. Cem Concr Res 38 (12): 1447–1456.

Sun M, Yu B, Hu Q, et al. 2016. Nanoscale pore characteristics of the Lower Cambrian Niutitang Formation Shale: a case study from Well Yuke#1 in the Southeast of Chongqing, China. Int J Coal Geol 154: 16–29.

Takashimizu Y, Iiyoshi M. 2016. New parameter of roundness R: circularity corrected by aspect ratio. Prog Earth Planet Sci 3 (1): 1–16.

Tang P, Chew NYK, Chan H K, et al. 2003. Limitation of determination of surface fractal dimension using N_2 adsorption isotherms and modified Frenkel-Halsey-Hill theory. Langmuir 19 (7): 2632–2638.

Tang X, Jiang Z, Jiang S, et al. 2016. Effect of organic matter and maturity on pore size distribution and gas storage capacity in high-mature to post-mature shales. Energy Fuels 30 (11): 8985–8996.

Ulm F J, Vandamme M, Bobko C, et al. 2007. Statistical indentation techniques for hydrated nanocomposites: concrete, bone, and shale. J Am Ceram Soc 90 (9): 2677–2692.

Vasseur J, et al. 2015. Heterogeneity: the key to failure forecasting. Sci Rep 5: 13259.

Wang H, et al. 2012. Fractal analysis and its impact factors on pore structure of artificial cores based on the images obtained using magnetic resonance imaging. J Appl Geophys 86: 70–81.

Wong H S, Head M K, Buenfeld N R. 2006. Pore segmentation of cement-based materials from backscattered electron images. Cem Concr Res 36 (6): 1083–1090.

Yao Y, Liu D, Tang D, et al. 2008. Fractal characterization of adsorption-pores of coals from North China: an investigation on CH_4 adsorption capacity of coals. Int J Coal Geol 73 (1): 27–42.

第 3 章 地球化学性质

富含有机物的页岩储层段中含有大量干酪根、沥青质以及可运移的烃类。为了提高对页岩特征的认识已经进行了大量研究,尽管如此,作为泥岩主要成分之一的干酪根仍然未得到全面的了解。从成熟度、组分含量和类型等方面对有机物特性进行认识,这对非常规油气藏的开发至关重要。研究还表明,有机物的存在对水力压裂作业同样具有不可忽视的影响。本章内容包括基于传统方法的有机物表征,以及基于新的分析方法——拉曼光谱法的有机物表征。

3.1 有机物的地球化学性质描述

如图 3.1 所示,主要成分为干酪根的有机质来自于埋存在地下的生物体,并散布在矿物基质中(Hutton 等,1994)。可使用整块样品[图 3.1(a)]或从岩样中分离出的干酪根[图 3.1(b)~(d)]来研究有机质的性质。岩石快速热解分析、镜质组反射、红外和拉曼光谱、元素分析和 X 射线近边吸收结构等技术均可用于有机物质的评估。主要评估指标包括

图 3.1 (a)巴肯组页岩岩样的 SEM 图像,(b)~(d)孤立干酪根在不同尺度下的 STEM 图像

成熟度、氢指数、氧指数、总有机物含量、干酪根结构的芳香烃特征,以及产烃指数。这些参数将在本章进行讨论。

了解干酪根热成熟度的主要方法是镜质组显微组分的光学检测,称为镜质组反射率(Diessel 等,1978)。如图 3.2 所示,当岩样中含有分散镜质组或不含原生镜质组时,镜质组反射率分析结果可能不准确(Hackley 等,2015;Sauerer 等,2017)。为了得到岩样的成熟度,可通过 Jacob (1989) 提出的线性方程把沥青成熟度(BRo, %)的平均值用于等效计算镜质组成熟度(VRo, %),或者使用式(3.2)将岩石快速热解分析测得的 T_{max}(表 3.1)转换为 VRo, %(Jarvie 等,2001)。

$$VRo = BRo \times 0.618 + 0.4 \qquad (3.1)$$

$$VRo = 0.0180 \times T_{max} - 7.16 \qquad (3.2)$$

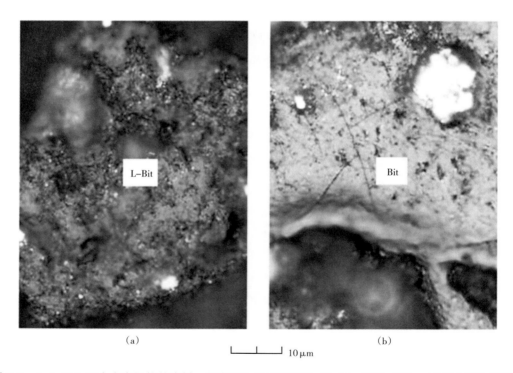

图 3.2 (a)(b) 两个含有机物的岩样,包含原生低反射沥青(L-B)沥青(屑),而不含原生镜质组

评估有机物性质的常用方法包括 LECO、岩石快速热解分析和使用显微方法的有机岩石学分析。岩石快速热解分析(RE)是一种广泛应用的分析方法。应用该方法时,要按照预定的程序逐步升高岩样的环境温度(Espitalie 等,1985;Peters,1986;Behar 等,2001)。岩石快速热解分析可得到直接测量的参数以及由此衍生的间接参数(Lafargue 等,1998;Carvajal-Ortiz 和 Gentzis,2015),见表 3.1。

利用岩石高温热解分析得到的参数作图,可根据曲线在图像中的位置确定干酪根类型、产烃指数、品质及其所处的生烃阶段,如图 3.3 所示。

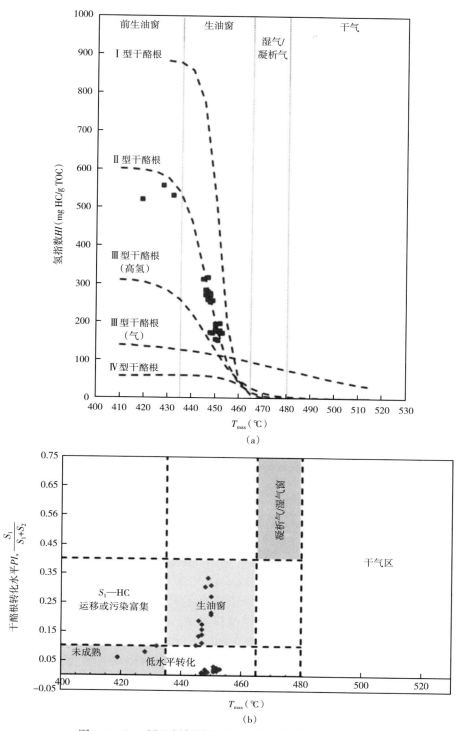

图 3.3 （a）用于判断干酪根类型的氢指数与 T_{max} 曲线图，
（b）用于判断干酪根转化水平的 PI 值与 T_{max} 散点图

表 3.1 岩石快速热解分析可得到的直接参数和间接参数

直接参数		间接参数	
S_1	代表岩石中已经生成的原油。这部分油可在初始加热温度（350℃）下从岩样中蒸馏出来	TOC	称为总有机碳量，为热解有机质和残余有机质的总和
S_2	代表通过干酪根热裂解（550℃）产生的烃类数量。S_2 是可以开采出来的潜在烃量	HI	是 S_2 与 TOC 的比值，可作为源岩含氢的量度
S_3	是在高达 390℃ 的温度下从热解过程中释放的 CO_2 量，与干酪根中氧气含量成正比	OI	是 S_3 与 TOC 的比值，可作为源岩含氧的量度
S_4	是岩样的残余碳含量，很少或基本没有生成烃类的可能性	PI	称为产烃指数，为已生成烃量（S_1）与总烃潜力（S_1+S_2）的比值。低比值代表不成熟或极端成熟后的有机质。高比值代表处于成熟期的有机物或者岩样受到钻井添加剂、运移烃的污染
T_{max}	是 S_2 达到最大值时的最高温度（热解过程中烃释放量最大）。是热成熟的指标	OSI	称为含油饱和度指数，是页岩储层中潜在的油流区。OSI 值越高，获得高产的可能性越大。使用 OSI 而不是 TOC 评估页岩油藏实际产能的原因在于，OSI 仅仅考虑 TOC 中可开采的那部分烃类

页岩储层的组成成分非常复杂，因此需要采用新方法来更好地理解烃类的生成过程。拉曼光谱法就是这样一种用于描述富含有机质页岩的新方法。基于分子振动的拉曼光谱法可确定岩样的化学成分。拉曼光谱法也可对有机质成熟过程中的结构变化进行监测，从而得到关于有机质特性的重要信息。下一节将要讨论的是拉曼光谱法可用于有机物描述的原因。

3.2 拉曼光谱法

在拉曼光谱中，用紫外—可见光谱中的强激光束照射岩样，并且通常同时在垂直于入射光束的方向上观察散射光。散射光包含两种类型：一种称为瑞利散射，强度很高，且与入射光束具有相同的频率（i_f），另一种称为拉曼散射，强度非常弱（几乎是入射光束的 10^{-5}）并且频率为 $i_f \pm m_f$，其中 m_f 代表分子的振动频率。因此在拉曼光谱法中，可认为振动频率是入射光束频率的偏移量（Reich 和 Thomsen，2004；Amer，2009）。

在双原子分子中，振动仅仅沿着连接原子核的化学键发生。因为所有原子核都会发生各自的谐波振荡，所以多原子分子的振动情况很复杂。然而可以证明的是，每一个分子的任何复杂振动都可表示为一些完全独立的简正振动的叠加（Mitra，1962）。

干酪根的拉曼光谱有两个峰值，分别称为 G 和 D 波段（Cesare 和 Maineri，1999；Marshall 等，2010；Tuschel，2013），如图 3.4（a）所示。G 波段对应的是石墨，大约出现在 1600cm^{-1} 处，具有明显峰值。G 波段的形成源自于呈 D_{6h}^4 对称的芳香环结构（sp^2 碳）中的碳原子以面内 E_{2g2} 模式产生振动（Sauerer 等，2017）。D 波段对应的是在 1350cm^{-1} 附近出现的原子紊乱，表现为一条窄峰，源自于与晶格缺陷以及 sp^2 碳网络不连续性相关的拉曼活性 A_{1g} 振动模式具有对称性（Sauerer 等，2017；Khatibi 等，2018）。一些文献中也提到，在

1510cm^{-1} 和 1625cm^{-1} 附近还检测到两个较小的缺陷波段（Beyssac 等，2002；Huang 等，2010）。值得一提的是，根据 Tuschel（2013）的研究，拉曼光谱还可以显示其他一些存在于富含有机质页岩中的组分，如碳酸钙、二氧化钛、黄铁矿和白云石，如图 3.4（b）（c）所示，本书暂不讨论。

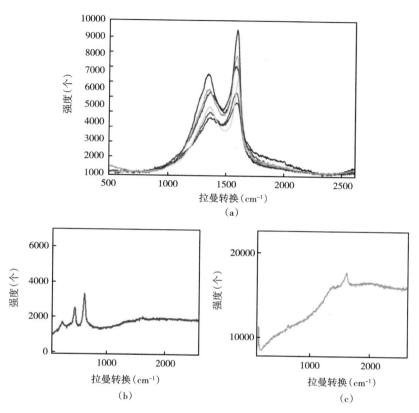

图 3.4 （a）六块具有不同成熟度岩样的拉曼光谱。注意两个主要波段以及每个岩样波段的位置变化和波幅变化，（b）（c）富有机质页岩中其他组分所对应的峰值

3.3 页岩储层地球化学性质的拉曼光谱描述

通过热演化法研究干酪根分子结构的物理和化学变化，可对烃源岩的生烃潜力进行评估。与其他碳质成分相比，复杂干酪根的结构与其成熟度之间的相关性更加密切（Khatibi 等，2018）。

成熟度的增加会引起有机物的结构变化，通过拉曼光谱法对此进行检测可得到关于干酪根的重要信息。干酪根成熟后，其芳香性将增强，随后其 D 波段的位置（作为无序波段）向低波长和低强度的方向偏移。这种变化可归因于较大芳香簇以及更有序结构干酪根的增加（Schito 等，2017；Khatibi 等，2018）。同时，G 波段也会发生位置变化，向更高波长方向发生轻微的偏移。通过拉曼光谱法分析两个主波段的间距变化，可以确定不同的成熟度水平，如图 3.5 所示。在热演化初期阶段两个主波段分开的速度很快，但在热演化后期逐渐放缓。可能的原因在于：有机质在热演化成熟期之前的热裂解速度比高成熟期更快

（Khatibi 等，2018）。高等人（2017）通过对油页岩干酪根进行人工热演化时发现，在成熟期前后干酪根的结构突然发生变化。氢指数（HI）在成熟期的突然下降使得干酪根残留物不可能再生成油。因此在成熟期后，干酪根结构变化趋缓，这可通过图3.5中曲线的斜率变化反映出来。

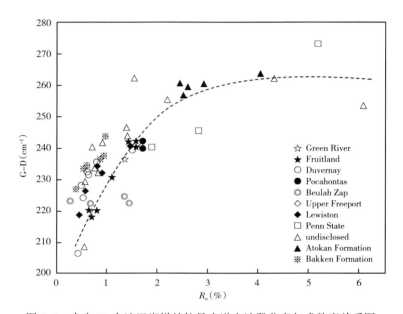

图3.5 来自12个油田岩样的拉曼光谱主波段分离与成熟度关系图

干酪根中的主要分子是通过脂肪族和杂原子结构连接而成的芳香烃（Kelemen 和 Fang，2001）。在这些结构内部也可能形成固体沥青（可溶于有机溶剂）（Wopenka 和 Pasteris，1993）。在生烃期间，许多脂肪碳链消失。烃类的生成主要来自于有机质的脂肪族（Witte 等，1988；Schenk 等，1986；Gao 等，2017）。脂肪族对应于 Rock-Eval 高温测量仪所得到的 S_2 峰值，代表了干酪根的生烃能力。这些结构变化可通过不同光谱学方法进行检测（Quirico 等，2005）。Witte 等人（1988）使用红外光谱（IR）观测到脂肪碳链的浓度随着岩样成熟度的增加而降低，见表3.2。高等人（2017）将岩样进行人工热演化，根据定量 ^{13}C DP MAS NMR 光谱技术的测试结果，次甲基官能团（脂族）是烃的主要来源。

表3.2 TOC 含量、镜质组反射率、氢指数、IR 脂族碳含量和 NMR 碳芳香性的平均值。
可以看出，随着成熟度的增加，氢指数和脂肪族碳减少，而芳香性增强。
源自修改后的 Witte 等人的研究（1988）

TOC（%）	VR_o（%）	HI [mg HC/(gal rock·gal TOC)]	脂族碳（mg aliph. C/gal rock）	碳芳香性（来自 NMR）
10.56	0.48	664	47.8	0.33
7.83	0.66	642	38.5	0.43
6.16	0.88	361	22.5	0.60
5.90	1.45	74	10.1	0.80

傅里叶变换红外法（FTIR）是使用红外光谱时的首选方法，可用于识别有机材料中的化合物和检验拉曼光谱的分析结果。如图 3.6 所示，在具有天然成熟度的六个岩样中，由干酪根的 FTIR 光谱图可知，随着成熟度的增加，芳香物吸附量增加，脂肪族的吸附量降低。Chen 等人（2015）采用微-FTIR 化学光谱测定了页岩样品在不同热演化水平下（通过人工热模拟获得）的脂肪族 CH_x 累计峰面积。研究表明，随着热应力的增加，碳逐渐转化为烃类，随后从岩石中排出，从而降低了脂肪族基团含量。在高度成熟的岩样中，脂肪族的 IR 吸附量很低。二者结果一致。

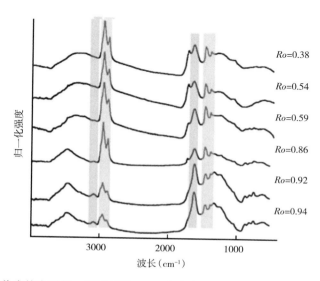

图 3.6 随着成熟度增加，干酪根的 FTIR 光谱表现出芳香物吸附量增加（蓝色区域）和脂肪族吸附量减少（橙色区域）

Quirico 等人（2005）通过使用高分辨率透射电子显微镜（TEM）也检测到干酪根分子结构的这种显著变化以及芳香族的聚集。随着成熟度的增加，芳香族堆积层的数量略微增加，并且在成熟度较高的岩样中可观测到洋葱环型的微纹理（Beyssac 等，2002）。

这种结构变化也可通过拉曼光谱（Wang 等，1990）进行检测，并且与其他性质相关联。如前所述，拉曼光谱中 G 波段源自于芳环结构中碳原子的面内 E_{2g2} 振动（Beyssac 等，2002、2003；Sauerer 等，2017）。芳香结构的富集意味着生烃能力较小，因此 Rock-Eval 高温测量仪得到的 S_2 指标可以与拉曼光谱的 G 波段相关联，如图 3.7 所示。

在干酪根热演化期间，生成的烃类逐渐增多，杂原子烃源失去了很多含氧、含氢的化学基团（Oberlin 等，1980；Rouzaud 和 Oberlin，1989），更多的附着物从芳香碳上脱落（Kelemen 和 Fang，2001）。前面提到的 D 波段是指原子的一种无序状态，由拉曼活性 A_{1g} 对称性引起。该对称性又与面内晶格缺陷和 sp^2 碳网络的不连续性（如杂原子）等相关（Sauerer 等，2017）。因此，拉曼光谱的 D 波段可用于度量从有机物中脱落的附着物。该脱落过程与生烃同步发生。该过程可与通过 Rock-Eval 高温测量仪得到的 S_1 值进行对照，如图 3.8 所示。

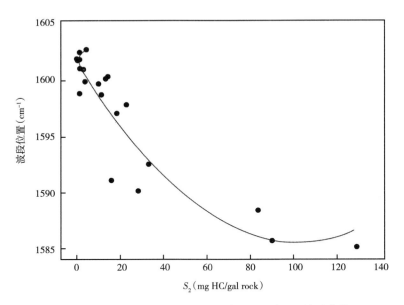

图 3.7　G 波段位置与 Rock-Eval 高温测量仪 S_2 关系曲线

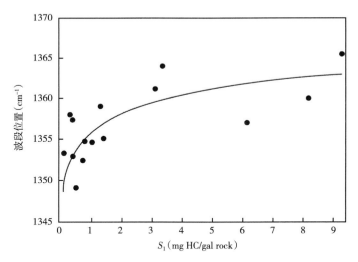

图 3.8　D 波段位置与烃源岩评价的 S_1 分布图

除了有机物的地球化学特性外，拉曼光谱还可根据杨氏模量来预测有机物的力学性质（Khatibi 等，2018）。由于干酪根分散在岩石基质中，诸多文献中用于测试岩样力学性质的方法无法测量有机质的力学性质，所以拉曼光谱法就非常有用（Aghajanpour 等，2017）。

在未成熟的烃源岩岩样中，有机物分布在其他矿物的周围，成为岩石骨架的一个承重部分。然而随着成熟度的增加，本来就分散于其他颗粒中的干酪根变得更加分散（Zargari 等，2011；Dietrich，2015；Khatibi 等，2018），杨氏模量也随之增加，如图 3.9 所示。目前尚未有研究能够通过直接测量证实这种解释（Emmanuel 等，2016；Li 等，2017）。可以从分子角度对这种现象进行分析。进入高成熟度后，干酪根失去杂环原子（O、S 和 N）及其脂肪族碳（富氢基团），残余物为以芳香族碳为主的贫氢结构分子。随着埋藏深度的增加，成熟度逐渐升高，孔壁发生破裂。这个过程促使芳香族碳进行机械重定向和排列，从而减少晶格缺陷（Khatibi 等，2018），这可归因于键合空位的扩散和消除，以及芳香族退火到三周期石墨（Bustin，1996）。因此，从热演化早期阶段开始，高分子排列逐渐从混沌无序变得更加有序（Pan 等，2013；Khatibi 等，2018）。

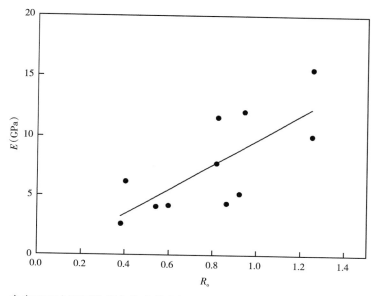

图 3.9　来自于两个不同数据集的成熟度与杨氏模量对照图。注意随着成熟度的增加，杨氏模量总体上也呈现增加趋势

考虑到如图 3.5 所示的拉曼光谱与成熟度之间的关系，和如图 3.9 所示的杨氏模量与成熟度之间的关系，可间接使用拉曼光谱数据来研究有机物的力学性质（Khatibi 等，2018），如图 3.10 所示。

如图 3.5 所示，当 R_o 从 0.3 变化到 3（热演化初始阶段到晚期干燥气体窗口）时，波段分离大约分别在 $210cm^{-1}$ 和 $255cm^{-1}$ 变化。根据图 3.10 中的关联关系，可以估计得到有机质的杨氏模量（E）约为 $0.32\sim40GPa$（Khatibi 等，2018）。这与 Eliyahu 等人（2015）先前的研究结果一致。根据他们的预测，当成熟度指标 R_o 在 $0\sim2.1$ 变化时，有机质的杨氏模量位于 $0\sim25GPa$。

上文简要介绍了多种有机质表征方法，并讨论了在页岩储层研究中采用的新方法比如拉曼光谱等。拉曼设备激光聚焦体积（约 $3\mu m^3$）的分辨率很高，因此在对小体积的分散有机质进行分析时可达到良好的精度。此外，由于拉曼光谱分析所需要的岩样较少，而且岩样制备速度很快，所以在数分钟内即可获得拉曼光谱分析结果。

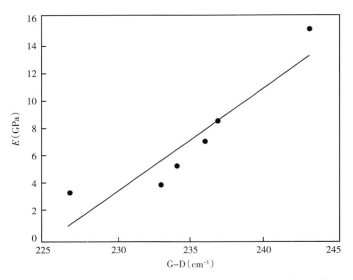

图 3.10 杨氏模量与波段分离关系。考虑到成熟度与拉曼光谱之间存在的关联，以及杨氏模量与成熟度的关联，可间接使用拉曼光谱数据来研究有机物力学性质

参 考 文 献

Aghajanpour A, Fallahzadeh S H, Khatibi S, Hossain M M, Kadkhodaie A. 2017. Full waveform acoustic data as an aid in reducing uncertainty of mud window design in the absence of leak-off test. J Nat Gas Sci Eng 45: 786-796.

Amer M. 2009. Raman spectroscopy for soft matter applications. Wiley, USA.

Behar F, Beaumont V, Penteado HDB. 2001. Rock-Eval 6 technology: performances and developments. Oil Gas Sci Technol 56: 111-134.

Beyssac O, Goffé B, Chopin C, Rouzaud J. 2002. Raman spectra of carbonaceous material in metasediments: a new geothermometer. J Metamorph Geol 20: 859-871.

Beyssac O, Goffé B, Petitet J-P, Froigneux E, Moreau M, Rouzaud J N. 2003. On the characterization of disordered and heterogeneous carbonaceous materials by Raman spectroscopy. Spectrochim Acta A 59 (10): 2267-2276.

Bustin R. 1996. Mechanisms of graphite formation from kerogen: experimental evidence. In: Fuel and energy abstracts. Elsevier, 187.

Carvajal-Ortiz H, Gentzis T. 2015. Critical considerations when assessing hydrocarbon plays using Rock-Eval pyrolysis and organic petrology data: data quality revisited. Int J Coal Geol 152: 113-122.

Cesare B, Maineri C. 1999. Fluid-present anatexis of metapelites at El Joyazo (SE Spain): constraints from Raman spectroscopy of graphite. Contrib Minerl Petrol 135: 41-52.

Chen Y, Zou C, Mastalerz M, Suyun H, Gasaway C, Tao X. 2015. Applications of micro-fourier transform infrared spectroscopy (FTIR) in the geological sciences—a review. Int J Mol Sci 16 (12): 30223-30250.

Diessel C, Brothers R, Black P. 1978. Coalification and graphitization in high-pressure schists in New Caledonia. Contrib Minerl Petrol 68: 63-78.

Dietrich A B. 2015. The impact of organic matter on geomechanical properties and elastic anisotropy in the Vaca Muerta shale. PhD dissertation, Colorado School of Mines, Arthur Lakes Library.

Eliyahu M, Emmanuel S, Day-Stirrat R J, Macaulay C I. 2015. Mechanical properties of organic matter in shales mapped at the nanometer scale. Mar Pet Geol 59: 294-304.

Emmanuel S, Eliyahu M, Day-Stirrat R J, Hofmann R, Macaulay C I. 2016. Impact of thermal maturation on nanoscale elastic properties of organic matter in shales. Mar Pet Geol 70: 175-184.

Espitalie J, Deroo G, Marquis F. 1985. Rock-Eval pyrolysis and its applications. Rev De L Institut Fr Du Pet 40: 563-579.

Gao Y, Zou Y-R, Liang T, Peng P A. 2017. Jump in the structure of type I kerogen revealed from pyrolysis and 13C DP MAS NMR. Org Geochem 112: 105-118.

Hackley P C, Araujo C V, Borrego A G, Bouzinos A, Cardott B J, Cook A C, Eble C, Flores D, Gentzis T, Gonçalves P A. 2015. Standardization of reflectance measurements in dispersed organic matter: results of an exercise to improve interlaboratory agreement. Mar Pet Geol 59: 22-34.

Huang E-P, Huang E, Yu S-C, Chen Y-H, Lee J-S, Fang J-N. 2010. In situ Raman spectroscopy on kerogen at high temperatures and high pressures. Phys Chem Miner 37: 593-600.

Hutton A, Bharati S, Robl T. 1994. Chemical and petrographic classification of kerogen/macerals. Energy Fuels 8: 1478-1488.

Jacob H. 1989. Classification, structure, genesis and practical importance of natural solid oil bitumen ("migrabitumen"). Int J Coal Geol 11: 65-79.

Jarvie D, Claxton B, Henk B, Breyer J. 2001. Oil and shale gas from Barnett shale, Ft. In: Worth basin, TX, poster presented at the AAPG national convention, Denver, CO.

Kelemen S, Fang H. 2001. Maturity trends in Raman spectra from kerogen and coal. Energy Fuels 15: 653-658.

Khatibi S, Ostadhassan M, Tuschel D, Gentzis T, Bubach B, Carvajal-Ortiz H. 2018. Raman spectroscopy to study thermal maturity and elastic modulus of kerogen. Int J Coal Geol 185: 103-118.

Lafargue E, Marquis F, Pillot D. 1998. Rock-Eval 6 applications in hydrocarbon exploration, production, and soil contamination studies. Rev De L' Institut Fr Du Pét 53: 421-437.

Li C, Ostadhassan M, Kong L. 2017. Nanochemo-mechanical characterization of organic shale through AFM and EDS. In: 2017 SEG international exposition and annual meeting. Society of Exploration Geophysicists.

Marshall C P, Edwards H G, Jehlicka J. 2010. Understanding the application of Raman spectroscopy to the detection of traces of life. Astrobiology 10: 229-243.

Mitra S S. 1962. Vibration spectra of solids. In: Solid state physics, vol 13. Academic Press, pp 1-80.

Oberlin A, Boulmier J, Villey M. 1980. Electron microscopic study of kerogen microtexture. Selected criteria for determining the evolution path and evolution stage of kerogen. In: Kerogen: Insoluble organic matter from sedimentary rocks. Editions Technip, Paris, 191-241.

Pan J, Meng Z, Hou Q, Ju Y, Cao Y. 2013. Coal strength and Young's modulus related to coal rank, compressional velocity and maceral composition. J Struct Geol 54: 129-135.

Peters K. 1986. Guidelines for evaluating petroleum source rock using programmed pyrolysis. AAPG Bull 70: 318-329.

Quirico E, Rouzaud J-N, Bonal L, Montagnac G. 2005. Maturation grade of coals as revealed by Raman spectroscopy: progress and problems. Spectrochim Acta Part A Mol Biomol Spectrosc 61: 2368-2377.

Reich S, Thomsen C. 2004. Raman spectroscopy of graphite. Philos Trans R Soc Lond A Math Phys Eng Sci 362: 2271-2288.

Rouzaud J, Oberlin A. 1989. Structure, microtexture, and optical properties of anthracene and saccharose-based carbons. Carbon 27: 517-529.

Sauerer B, Craddock P R, AlJohani M D, Alsamadony K L, Abdallah W. 2017. Fast and accurate shale maturity determination by Raman spectroscopy measurement with minimal sample preparation. Int J Coal Geol 173: 150–157.

Schenk H, Witte E, Müller P, Schwochau K. 1986. Infrared estimates of aliphatic kerogen carbon in sedimentary rocks. Org Geochem 10: 1099–1104.

Schito A, Romano C, Corrado S, Grigo D, Poe B. 2017. Diagenetic thermal evolution of organic matter by Raman spectroscopy. Org Geochem 106: 57–67.

Tuschel D. 2013. Raman spectroscopy of oil shale. Spectroscopy 28: 5.

Wang Y, Alsmeyer D C, McCreery R L. 1990. Raman spectroscopy of carbon materials: structural basis of observed spectra. Chem Mater 2: 557–563.

Witte E, Schenk H, Müller P, Schwochau K. 1988. Structural modifications of kerogen during natural evolution as derived from 13C CP/MAS NMR, IR spectroscopy and Rock-Eval pyrolysis of Toarcian shales. Org Geochem 13: 1039–1044.

Wopenka B, Pasteris J D. 1993. Structural characterization of kerogens to granulite-facies graphite: applicability of Raman microprobe spectroscopy. Am Mineral 78: 533–557.

Zargari S, Prasad M, Mba K C, Mattson E. 2011. Organic maturity, hydrous pyrolysis, and elastic property in shales. In: Canadian unconventional resources conference. Society of Petroleum Engineers.

第4章 纳米力学性质

随着近十年来北美页岩油和页岩气的开发,越来越多的研究投入到如何提高对页岩特征的认识上来。本章将讨论页岩岩样的微纳米力学性质。石油工程领域中用于研究页岩力学性质的新技术包括纳米压痕法和原子力显微镜技术。矿物组成研究采用的是 X 射线衍射和能量扩散光谱技术。根据纳米压痕实验得到的载荷—位移曲线可求得弹性模量和硬度。AFM 峰值力定量纳米力学的模式是一种较新的模式,可同时生成表面高度图和 DMT 模量图。本章介绍了这两种技术在北达科他州威利斯顿盆地巴肯组页岩岩样中的应用结果。

4.1 引言:我们为什么需要关注页岩的力学性质

在过去十年北美页岩气和页岩油经历了繁荣的商业发展之后,多个具有经济可采潜力的国家也开始了非常规页岩储层的勘探工作。随着用于提高非常规储层产量的水力压裂技术的发展,石油和天然气产量大幅度增加(Li 等,2015)。美国通常将水力压裂技术与水平钻井技术相结合,实现非常规油藏的经济开采。

为了获得页岩的性能,特别是力学性能,可在实验室内对岩心柱开展动态或静态实验以得到实验室尺度的性质,也可利用声波测井解释得到矿场尺度的性质(Shukla 等,2013)。由于页岩具有化学和力学不稳定性,钻取标准实验所需的岩心或适当大小的岩样非常困难(Kong 等,2018)。此外,由于页岩中存在诸如石英、长石、方解石和黏土矿物等多种矿物,通过井间插值得到的矿场尺度弹性属性场(杨氏模量、泊松比)可能并不准确。

本章介绍了两种技术,即微米尺度力学性能测试技术和纳米尺度力学性能测试技术。这里首先介绍这两种方法的原理,然后介绍使用这两种方法得到的一系列实验结果。

4.2 方法:用什么方法分析页岩的力学性质

4.2.1 纳米压痕法

4.2.1.1 刚度(杨氏模量和硬度)

纳米压痕技术用压头穿透岩样表面,通过测量穿透深度和接触深度,可以获得杨氏模量和硬度等刚度信息。与传统的力学性能测试实验相比,该技术仅需要体积很小的试样。

自 20 世纪 50 年代中期以来,苏联研究人员通过记录各种金属和矿物的载荷—深度数据并制作成图,开发出了深度传感技术,并将其应用到纳米尺度上。特别是在研究人员找到了测试数据的解释方法并成功用于估计材料力学性能之后,该技术在全球范围内得到了迅速发展(Doerner 和 Nix,1986)。直到现在,纳米压痕仍是研究金属、陶瓷、聚合物和复合材料的纳米力学性能的一种非常有效的方法(Naderi 等,2016;Tanguy 等,2016;Xiao 等,2015)。近年来,研究人员开始使用这种方法研究页岩储层的力学性质。朱等人(2007)应用纳米压痕法绘制了天然岩石的纳米尺度力学性质分布图。Delafargue(2003)和 Gathier(2006)研究了多个尺度下的页岩力学性质,并采用均质化处理得到了更大尺度上的强度性质。Bobko（2008）使用纳米压痕法研究页岩，发现矿物成分之间存在联系。但所有这些研究针对的都是普通的沉积页岩而不是页岩储层岩石。Alstadt 等（2015）分析了干酪根的形态，以及绿河油页岩在不同方向（平行于和垂直于层理面）上的纳米力学性质。Mason 和 Kuma 研究了矿物质和有机质对页岩力学性质的影响（Kumar 等，2012；Mason 等，2014；Shukla 等，2013），然而他们仅仅测量了杨氏模量和硬度。纳米压痕技术的应用前景很好，可用来估计不同类型介质的力学性能。在石油工程和土木工程中，许多研究人员已经应用纳米压痕法来研究页岩性质（Kumar 等，2012；Mason 等，2014）。

可通过 Oliver 和 Pharr 方法计算压痕模量 E_r 和硬度 H（Oliver 和 Pharr，1992）：

$$E_r = \frac{\sqrt{\pi}}{2} \frac{S}{\sqrt{A_c}} \tag{4.1}$$

$$H = \frac{P}{A_c} \tag{4.2}$$

$$\frac{1}{E_r} = \frac{1-v^2}{E} + \frac{1-v_i^2}{E_i} \tag{4.3}$$

式中　P——测试过程中的最大压痕载荷；
　　　A_c——投射的接触面积；
　　　S——卸载压痕刚度，其值等于卸载曲线上部的斜率（图 4.1）：

$$S = \left(\frac{dP}{dh}\right)_{h=h_{max}} \tag{4.4}$$

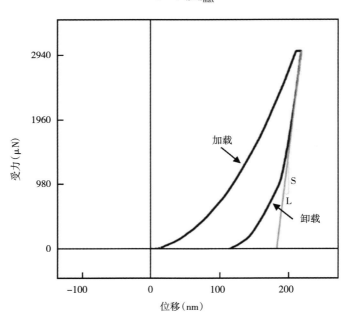

图 4.1　通过纳米压痕技术得到的典型载荷—位移曲线

4.2.1.2 断裂韧性

尽管目前通过纳米压痕法研究岩石断裂韧性的做法还很少,但是得益于这种方法的准确性和可重复性,越来越多的研究人员开始使用纳米压痕方法来研究断裂韧性(Kruzic 等,2009;Scholz 等,2004;Sebastiani 等,2015;Wang 等,2015)。本章的内容是利用纳米压痕技术来研究巴肯组页岩岩样的断裂韧性。由于岩样存在天然非均质性,而且纳米压痕实验过程中测得的裂纹长度存在差异,在本书中应用了能量分析方法(图 4.2)。能量分析方法的原理在于不可逆能量(U_{ir})被定义为总能量(U_t)和弹性能量(U_e)之差(Cheng 等,2002)。然后使用式(4.5)计算断裂能量(U_{crack}):

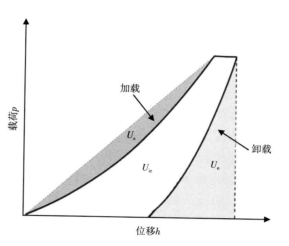

图 4.2 能量分析法示意图

$$U_{crack} = U_{ir} - U_{PP} \tag{4.5}$$

式中,U_{PP}是纯塑性引起的能耗,可通过以下数学关系计算得到:

$$\frac{U_{PP}}{U_t} = 1 - \left[\frac{1 - 3\left(\frac{h_f}{h_{max}}\right)^2 + 2\left(\frac{h_f}{h_{max}}\right)^3}{1 - \left(\frac{h_f}{h_{max}}\right)^2} \right] \tag{4.6}$$

临界能量释放率 G_c 可通过式(4.7)得到:

$$G_c = \frac{\partial U_{crack}}{\partial A} = \frac{U_{crack}}{A_m} \tag{4.7}$$

其中 A_m 是最大断裂面积。对于 Berkovich 压头,该面积的计算公式为:

$$A_{max} = 24.5 h_{max}^2 \tag{4.8}$$

最后,可计算得到断裂应力强度因子 K_C:

$$K_C = \sqrt{G_C E_r} \tag{4.9}$$

4.2.1.3 蠕变

蠕变是指在长时间处于低于屈服强度的恒定应力下时,岩石的力学性随时间发生变化的现象。岩石的蠕变来自于黏弹性。根据 Heap 等人(2009)的研究可知,岩石的蠕变可分为三个阶段:(1)第一阶段或减速阶段;(2)第二阶段或静止阶段;(3)第三阶段或加速阶段。研究人员在做室内测试时,通常采用单轴蠕变试验和多级三轴向蠕变试验来研究蠕变行为(Li 和 Ghassemi,2012;Sone 和 Zoback,2014)。这些研究的局限性在于,只能分析宏观尺度下的蠕变行为，并且需要大量的样本。由于取心难度很大，有时候无法得到大尺寸的试样，尤其是页岩地层。页岩是一种细粒沉积岩，由矿物（黏土、石英、长石、黄铁矿和碳酸盐）和有机物混合组成，进而形成高度非均质的纳米混合物（Ulm 等，2007）。其中的每一种成分都显示出不同的蠕变行为。了解页岩在纳米尺度上的蠕变而引起的变形，有助于理解更大尺度上的蠕变过程，例如页岩盖层的韧性变形。

4.2.2 AFM PeakForce 定量纳米力学成像

原子力显微镜（AFM）在材料科学中的应用很广泛。AFM 的 PeakForce 定量纳米力学成像（PeakForce QNM）是一种相对较新的模式，可以同时产生高度图和纳米力学性质的定量分布图。这种新模式在描述聚合物、生物材料等方面很受欢迎。在此模式下，用 z 压电控制探头。在 z 压电的推动下，探头趋近于试样表面直到达到峰值力，然后探头开始从岩样中抽出，接着在最大黏附点处脱离岩样。当探针扫描岩样表面时，测量悬臂偏转可以得到载荷—位移（FD）曲线，据此可计算得到岩样特性，比如高度传感器、DMT 模量、变形和耗散（图 4.3）。

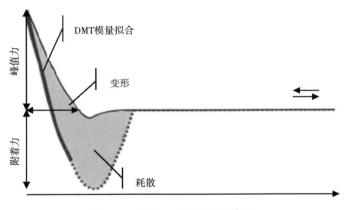

图 4.3　载荷—位移曲线示意图

在 AFM 定量纳米力学成像过程中，为了获得准确的测量结果，应选择具有合适弹簧常数的悬臂。大部分文献中页岩有机质的杨氏模量都低于 20GPa。基于此，选择了 RTESPA-525 探针（弹簧常数，k 约为 200Nm^{-1}；Etip = 310Nm^{-1}）。对于杨氏模量在 0~20GPa 的材料，该探针是最佳选择。探头校准的方法为：首先在刚性蓝宝石支柱上进行斜坡实验以测量偏转灵敏度；其次，使用弹性模量为 18GPa 的高定向热解石墨支柱（HOPG）来校准探针的半径。选择 HOPG 的原因在于，它与页岩中的有机物具有相似的刚度。使用的弹簧系数 k 约为 200Nm^{-1}（基于手册值），然后调节探针半径直至 DMT 模量的测量值达到 18GPa 左右。校准探头后，以 100μm×100μm 的扫描面积、256×256 的像素分辨率和 0.2Hz 的频率对页岩岩样进行扫描。

首先在 SEM 图像中找到目标扫描区域，然后将黄铁矿和岩样边缘当作标记，以保证 AFM 测试的是同一位置。

4.3 结果与讨论

4.3.1 纳米压痕曲线分析

图 4.4 给出了一些从试样中获得的典型纳米压痕曲线。图 4.4 中所有曲线都显示了加载过程中出现的弹塑性变形。图 4.4（a）中是没有发生任何异常现象的典型压痕曲线。图 4.4（b）中的加载曲线呈现正常模式，但是卸载曲线出现了"肘弯"。压头下方的压力非常高，并随着压痕深度的增加而增加。当静水压力超过临界值后，发生相变（Tabor，1978）。在缓慢转变为无定形结构晶相的过程中，试样材料发生膨胀，造成了卸载曲线的逐渐变化，从而导致压痕隆起（Domnich 等，2000）。图 4.4（c）显示了加载曲线中的"位移突变"现象，是纳米压痕过程中形成的断裂所致。压头与材料接触后，压头所做的功会改变材料的弹性能量。一旦接触区域某个点处的弹性能量增加到临界值，随着载荷的增加，就会发生塑性变形。诸如岩石之类的弹塑性材料，它们的弹性能量在局部塑性变形区域内几乎保持不变。然而，该区域之外的岩石尚处于初期塑性变形状态，具有较低的弹性能量。与接触区域越远，弹性能量越小。不同区域的能量差异较大时可导致断裂的形成（Cook 和 Pharr，1990；Lawn 等，1980；Oyen 和 Cook，2009）。图 4.4（d）中的曲线既存在"位移突变"，也存在"肘弯"。分别对图 4.4（a）～（d）中的加载曲线和卸载曲线进行拟合，计算得到的参数在表 4.1 中列出。拟合结果说明加载和卸载曲线符合下面的幂律函数：

$$P = Kh^n \text{（加载）}$$
$$P = \alpha(h - h_\text{f})^m \text{（卸载）} \quad (4.10)$$

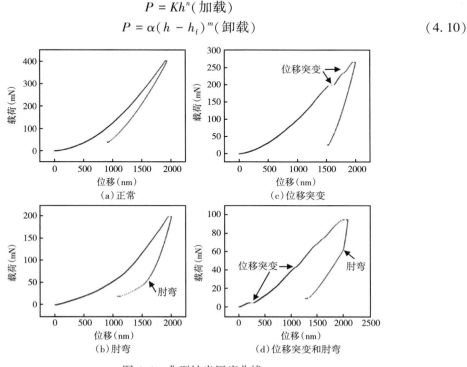

图 4.4 典型纳米压痕曲线

式中 P,h——载荷和位移；

h_f——残余位移；

K,n,α,m——可根据实验计算得到的常数。

在其他材料中也观察到类似的载荷—位移行为（Lawn 等，1980），证明纳米压痕理论可用于计算岩石力学性质。

表 4.1 加载和卸载过程的曲线拟合分析

	K	n	R^2
加载过程			
a	0.00048	1.80591	0.99992
b	0.00013	0.87968	0.99586
c	0.00265	1.52325	0.99848
d	0.02687	1.15039	0.96086
	α	m	R^2
卸载过程			
a	0.07906	1.22777	0.99450
b	0.0049	1.50995	0.99044
c	0.14466	1.21866	0.99238
d	0.00597	1.62741	0.98771

4.3.2 刚度（杨氏模量、硬度）

通过前面介绍的 Oliver 和 Pharr 方法计算得到岩样的杨氏模量和硬度，并制作这两项参数与穿透深度之间的关系图，如图 4.5 所示。该图给出了岩样杨氏模量和硬度的计算结果。从图中可以看出，这两条曲线都包含三个不同的阶段。在初始上升阶段，可以假设接触是弹性的，这意味着该阶段的参数值是平均值并且小于材料的实际力学值。从第三阶段曲线

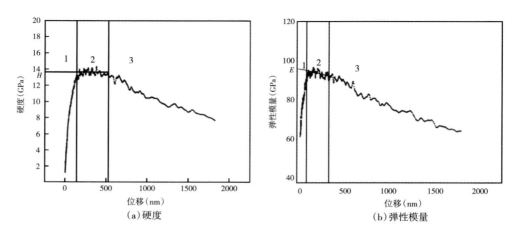

图 4.5 弹性模量、硬度与穿透深度的关系曲线

两幅图都包含三个不同的阶段：1—初始上升阶段；2—平台阶段；3—下降阶段

图可以看出，在较大的穿透深度下，基底层对测试值的影响将变得更加明显，因此可将平台阶段对应的硬度值视为岩样的实际硬度值。我们使用了外推方法来计算杨氏模量［图4.5（b）］。将曲线从第二阶段即平台期向左外推至样本表面（位移等于0），读取纵轴的截距作为杨氏模量（Fischer-Cripps，2006）。按照该方法，该岩样测试点的硬度值为13.8GPa，杨氏模量为95GPa。

基于每个岩样上的大量凹痕，计算了每个岩样的杨氏模量和硬度值。图4.6给出了四个测试岩样的弹性模量和硬度值。表4.2列出了岩样的矿物组成。岩样#1来自巴肯组上段，而岩样#2、岩样#3和岩样#4来自巴肯组中段。数据显示，岩样#4的弹性模量最大，而岩样#3最低。

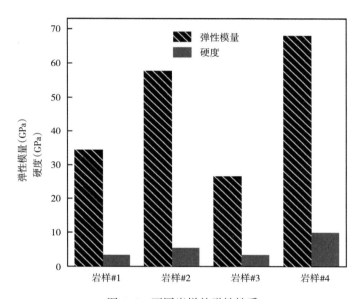

图4.6 不同岩样的弹性性质

表4.2 通过 XRD 分析得到岩样组成

	岩样#1	岩样#2	岩样#3	岩样#4
石英	31.9	35.8	37.9	49.4
方解石	0	2.5	2.6	1.7
白云石	12	0.1	0.3	2
铁白云石	0	4	6.3	3.4
黄铁矿	0	3.6	5	4.8
钾长石	4.7	11.2	8.7	9.8
钠长石	0	7.6	5.1	3.7
黏土矿物	51.3	35.2	34	25.2

4.3.3 页岩断裂韧性

使用能量分析方法对来自巴肯组三个层段的四个不同岩样进行纳米压痕测试。图 4.7 (a) 给出了接触刚度、折合模量和杨氏模量的计算结果。从图中可以看出，接触刚度越强，杨氏模量越高。这是因为接触刚度是纳米压痕曲线在最大位移 h_{max} 处的斜率。随着接触刚度 S 的增加，弹性能量随之增加，能够反映岩石弹性力学性质的杨氏模量也随之增加，如图 4.7 (b) 所示。图 4.8 给出了纳米压痕测试对应的能量分布变化情况。图 4.7 (c) 给出的是通过纳米压痕测试得到的能量释放率和断裂强度因子，从图中可以看出断裂韧性和能量释放率都呈现增加的趋势。巴肯组岩样纳米尺度 K_{IC} 的平均值约为 3.06MPa·m。从岩样的杨氏模量与岩样断裂韧性关系曲线上可以看出，二者在纳米尺度上呈现线性相关关系，如图 4.9 所示。可根据纳米尺度的杨氏模量通过式 (4.11) 来估算断裂韧性：

$$K_{IC} = 0.7288 + 0.04048t \tag{4.11}$$

式 (4.11) 表明随着杨氏模量的增加，断裂韧性随之增加，这是因为杨氏模量的增加可以增加最终的断裂强度（Yuan 和 Xi，2011），从而增强抗断裂能力。很少有文献给出巴肯组地层岩石的断裂韧性值，但是可以轻松获得关于弹性模量的大量信息。式 (4.11) 可用于估算巴肯组地层的断裂韧度，这样就可以不用通过大尺度岩样实验来获取，省时省力。

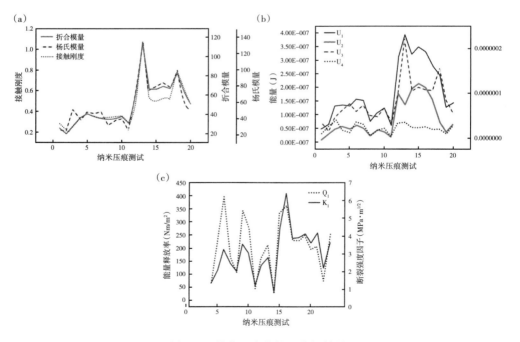

图 4.7 纳米压痕的能量分析结果
(a) 接触刚度、折合模量和杨氏模量；(b) 总能量、塑性能、弹性能和断裂能；
(c) 能量释放率和断裂强度因子

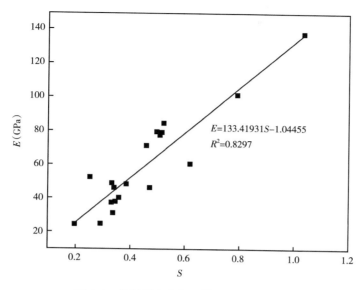

图 4.8　接触刚度和杨氏模量之间的关系

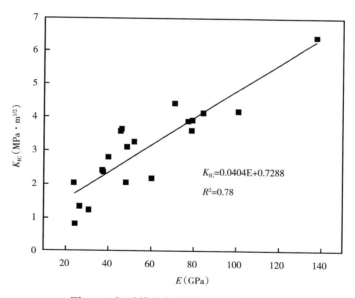

图 4.9　杨氏模量与断裂韧性之间的关系

4.3.4　纳米压痕法蠕变分析

页岩由具有不同力学性质的多种矿物组成。因此，即便在相同的应力条件和相等的蠕变时间下，每个力学相的蠕变行为都可能是不同的。为了更好地研究和深入了解页岩在纳米尺度下的蠕变行为，从网格凹痕中选择了三个点进行更为详细的分析。表 4.3 列出了有关这三个数据点的相关信息，其中点#1、#2 和#3 分别代表软矿物、中硬矿物和硬矿物。选择这些数据点的依据在于它们的复数模量和硬度值。

表 4.3　三个数据点的力学性能

数据点	复数模量（GPa）	硬度（GPa）
#1	16.71	0.77
#2	38.45	2.69
#3	56.70	6.82

从这三个数据点的蠕变位移与蠕变时间之间的关系曲线上可以发现，三条曲线都遵循类似的趋势（图 4.10）。蠕变位移在初期迅速增加，然后随着时间的推移而减慢。在相同的蠕变时间下，具有较大复数模量和硬度的矿物显示出较小的蠕变位移。对于处于蠕变状态的岩样，通过曲线拟合确定位移的定量变化。从表 4.4 中的拟合结果可以看出，所有蠕变曲线都遵循对数函数，与先前研究中得出的结论相似（Vandamme 和 Ulm，2009；Wu 等，2011）。对数函数的格式如下所示：

$$y = a\ln(t + b) + c \tag{4.12}$$

式中　y——蠕变位移，nm；
　　　t——蠕变时间；
　　　a，b，c——曲线拟合得到的常数。

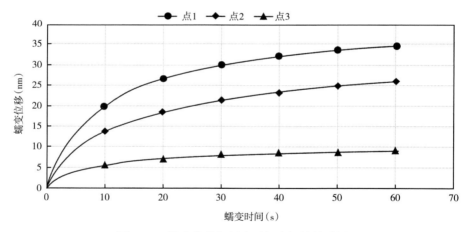

图 4.10　蠕变位移与蠕变时间之间的关系图

表 4.4　对应于三个数据点对数函数的常数和回归系数

数据点	a	b	c	R^2
#1	8.7913	0.7797	-0.5695	0.9919
#2	7.4478	1.8052	-4.5319	0.9990
#3	1.9998	0.4221	0.9926	0.9898

a 是表征蠕变行为的一个重要参数。曲线的 a 值较高，表明蠕变位移较大。我们进一步分析了蠕变时间对这些所选数据点的力学性能和黏弹性的影响。随着蠕变时间的增加，损

耗模量在0附近波动,并且损耗模量和蠕变时间之间没有任何明显的关系[图4.11(a)]。但是对于诸如储能模量、复数模量和硬度等其他性能,它们的变化量会随着蠕变时间而增加[图4.11(b)~(d)]。从图4.11(b)中可以看出,代表软矿物的第1点的测量值变化比分别代表中硬矿物和硬矿物的第2点和第3点要小。我们应用了与之前类似的曲线拟合方法来量化确定蠕变时间内岩样的力学性能变化。从表4.5中可以看出,式(4.12)也可以描述蠕变时间对力学性能的影响。

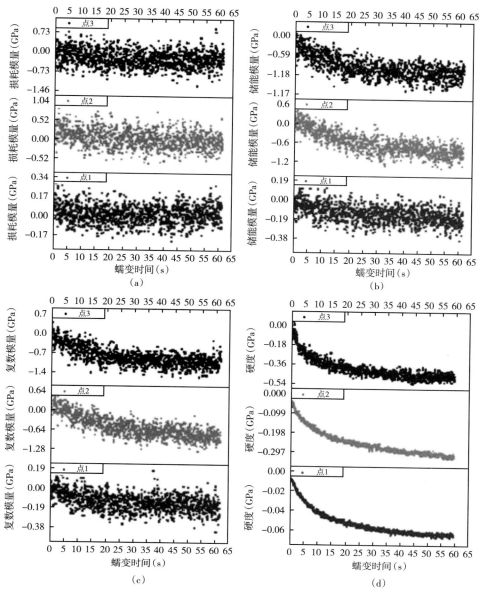

图4.11 力学性能随蠕变时间的变化函数
(a)损耗模量,(b)储能模量,(c)复数模量,(d)硬度

表 4.5 储能模量、复数模量以及硬度的曲线拟合结果

性能	数据点	a	b	c	R^2
储能模量	#1	-0.0564	4.1846	0.0632	0.1897
	#2	-0.4052	4.0786	0.7970	0.6508
	#3	-0.2797	1.1977	0.0431	0.5404
复数模量	#1	-0.0465	1.4891	0.0420	0.1966
	#2	-0.3936	2.9837	0.8041	0.6829
	#3	-0.2807	0.8335	0.0398	0.5587
硬度	#1	-0.0148	0.5906	-0.0016	0.9834
	#2	-0.0724	1.1333	0.0077	0.9864
	#3	-0.0907	0.1919	-0.0782	0.8775

4.3.5 有机物弹性特性的 AFM 分析

将 SEM 和 EDS 图像（图 4.12 和图 4.13）相结合，可以看出岩样扫描区域内的主要相是黏土和有机质，以及少量的方解石和黄铁矿。在 SEM-BSE 图像中，有机物质呈现黑色和深灰色；黏土呈现灰色；黄铁矿为白色光斑；而方解石很难通过 SEM-BSE 图像得以识别。在 EDS 中，可使用特定的元素图对物质相再次进行识别：有机物质对应于 C，黏土对应于 O，Al、Si 和方解石分别对应于 Ca 和 Mg（图 4.14）。

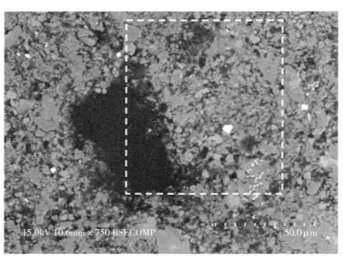

图 4.12 岩样的 SEM-BSE 图像，白色虚线框中的区域即为 EDS 和 AFM 的共同扫描区域

识别结果表明，页岩中有机质的弹性模量在 2~6GPa 之间（Li 等，2017）。页岩中的有机质可以是干酪根或者固体沥青质。干酪根表现为孤立颗粒，周围被紧密堆积的小颗粒包围，而沥青则具有裂缝填充的特征，占据着粒间空隙。此外，从成因上分析，固体沥青可分为两类：前油固体沥青（属于富有机质烃源岩的早期未成熟产物，干酪根和石油之间的中间产物）和后油固体沥青（液体石油运移后的残余物）（Curiale，1986）。岩样所处深度

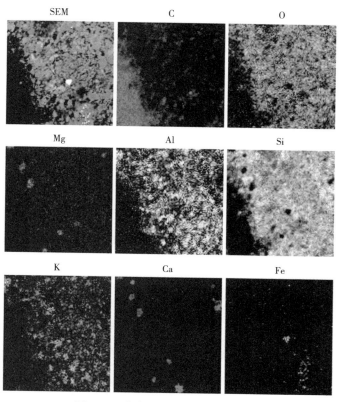

图 4.13　扫描区域内的 EDS 元素图

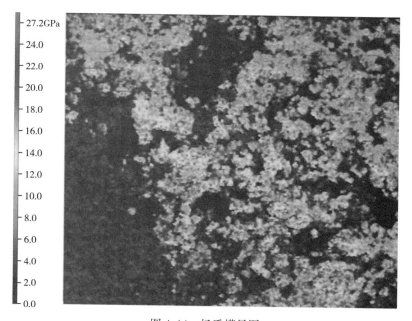

图 4.14　杨氏模量图

为8326ft，位于威利森盆地储层的未成熟段。根据SEM-BSE图像中黑色部分的形状（图4.15）可以判断，岩样中的有机质为前油固体沥青。概率密度函数曲线（图4.16）存在两个明显的峰值，即3GPa和11GPa，分别对应于前油沥青质和黏土。从文献中可知，该处岩样中有机质的弹性模量分布范围较广；Eliyahu等人（2015）发现有机质弹性模量的变化范围为0~25GPa，特定扫描显示沥青质的弹性模量为2GPa，而Zargari等人（2013）也认为巴肯组页岩中排出沥青质的弹性模量为2GPa。

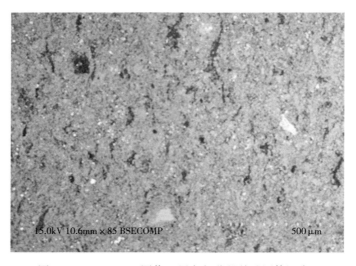

图4.15 SEM-BSE图像（黑色部分是前油固体沥青）

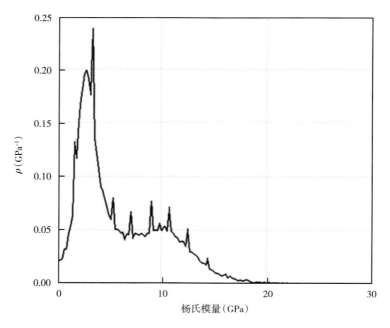

图4.16 杨氏模量的PDF曲线图（概率分布函数曲线）

有机质的 PDF 曲线图只存在一个明显的尖峰，因为沥青质的弹性模量分布较为均匀，这就意味着该岩样中沥青质的力学性能比较均质。而黏土的 PDF 曲线图存在宽峰，表明其结构具有相对较强的非均质性。

参 考 文 献

Alstadt K N, Katti K S, Katti D R. 2015. Nanoscale morphology of kerogen and in situ nanomechanical properties of Green River Oil shale. J Nanomech Micromech 6 (1): 04015003.

Bobko C P. 2008. Assessing the mechanical microstructure of shale by nanoindentation: the link between mineral composition and mechanical properties. PhD thesis.

Cheng Y-T, Li Z, Cheng C-M. 2002. Scaling relationships for indentation measurements. Philos Mag A 82 (10): 1821-1829.

Cook R F, Pharr G M. 1990. Direct observation and analysis of indentation cracking in glasses and ceramics. J Am Ceram Soc 73 (4): 787-817.

Curiale J A. 1986. Origin of solid bitumens, with emphasis on biological marker results. Org Geochem 10: 559-580.

Delafargue A. 2003. Material invariant properties of shales: nanoindentation and micro poroelastic analysis. Master thesis.

Doerner M F, Nix W D. 1986. A method for interpreting the data from depth sensing indentation instruments. J Mater Res 1 (4): 601-609.

Domnich V, Gogotsi Y, Dub S. 2000. Effect of phase transformations on the shape of the unloading curve in the nanoindentation of silicon. Appl Phys Lett 76 (16): 2214-2216.

Eliyahu M, Emmanuel S, Day-Stirrat R J, Macaulay C I. 2015. Mechanical properties of organic matter in shales mapped at the nanometer scale. Mar Pet Geol 59: 294-304.

Fischer-Cripps A C. 2006. Critical review of analysis and interpretation of nanoindentation test data. Surf Coat Technol 200 (14-15): 4153-4165.

Gathier B. 2006. Multiscale strength homogenization—application to shale nanoindentation. Master thesis.

Heap M J, Baud P, Meredith P G, et al. 2009. Time-dependent brittle creep in Darley Dale sandstone. J Geophys Res Sol Earth 114 (B07203): 1-22.

Kong L, Ostadhassan M, Li C, Tamimi N. 2018. Pore characterization of 3D-printed gypsum rocks: a comprehensive approach. J Mater Sci 53 (7): 5063-5078.

Kruzic J J, Kim D K, Koester K J, Ritchie R O. 2009. Indentation techniques for evaluating the fracture toughness of biomaterials and hard tissues. J Mech Behav Biomed Mater 2 (4): 384-395.

Kumar V, Curtis M E, Gupta N, Sondergeld C H, Rai C S. 2012. Estimation of elastic properties of organic matter in Woodford shale through nanoindentation measurements. Society of Petroleum Engineers.

Lawn B R, Evans A G, Marshall D B. 1980. Elastic/plastic indentation damage in ceramics: the median/radial crack system. J Am Ceram Soc 63 (9-10): 574-581.

Li C, Ostadhassan M, Kong L. 2017. Nanochemo-mechanical characterization of organic shale through AFM and EDS. In: SEG International Exposition and Annual Meeting, Society of Exploration Geophysicists, 2017, October.

Li Q, Xing H, Liu J, Liu X. 2015. A review on hydraulic fracturing of unconventional reservoir. Petroleum 1 (1): 8-15.

Li Y, Ghassemi A. 2012. Creep behavior of Barnett, Haynesville, and Marcellus shale. Presented at the 46th US rock mechanics/geomechanics symposium. American Rock Mechanics Association.

Mason J, Carloni J, Zehnder A, Baker S P, Jordan T. 2014. Dependence of micromechanical properties on lithofacies: indentation experiments on Marcellus shale. Society of Petroleum Engineers.

Naderi S, et al. 2016. Modeling of porosity in hydroxyapatite for finite element simulation of nanoindentation test. Ceram Int 42 (6): 7543-7550.

Oliver W C, Pharr G M. 1992. An improved technique for determining hardness and elastic modulus using load and displacement sensing indentation experiments. J Mater Res 7 (6): 1564-1583.

Oyen M L, Cook R F. 2009. A practical guide for analysis of nanoindentation data. J Mech Behav Biomed Mater 2 (4): 396-407.

Scholz T, Schneider G A, Muñoz-Saldaña M, Swain M V. 2004. Fracture toughness from submicron derived indentation cracks. Appl Phys Lett 84 (16): 3055-3057.

Sebastiani M, Johanns K E, Herbert E G, Pharr G M. 2015. Measurement of fracture toughness by nanoindentation methods: recent advances and future challenges. Curr Opin Solid State Mater Sci 19 (6): 324-333.

Shukla P, Kumar V, Curtis M, Sondergeld C H, Rai C S. 2013. Nanoindentation studies on shales. American Rock Mechanics Association.

Sone H, Zoback M D. 2014. Time-dependent deformation of shale gas reservoir rocks and its long-term effect on the in situ state of stress. Int J Rock Mech Min Sci 69: 120-132.

Tabor D. 1978. Phase transitions and indentation hardness of Ge and diamond. Nature 273 (5661): 406.

Tanguy M, Bourmaud A, Baley C. 2016. Plant cell walls to reinforce composite materials: relationship between nanoindentation and tensile modulus. Mater Lett 167: 161-164.

Ulm F-J, Vandamme M, Bobko C, et al. 2007. Statistical indentation techniques for hydrated nanocomposites: concrete, bone, and shale. J Am Ceram Soc 90 (9): 2677-2692.

Vandamme M, Ulm F-J. 2009. Nanogranular origin of concrete creep. PNAS 106 (26): 10552-10557.

Wang X, et al. 2015. High damage tolerance of electrochemically lithiated silicon. Nat Commun 6: 1-7.

Wu Z, Baker T A, Ovaert T C, et al. 2011. The effect of holding time on nanoindentation measurements of creep in bone. J Bio Mech 44 (6): 1066-1072.

Xiao G, Yang X, Yuan G, Li Z, Shu X. 2015. Mechanical properties of intermetallic compounds at the Sn-3.0 Ag-0.5 Cu/Cu joint interface using nanoindentation. Mater Des 88: 520-527.

Yuan C C, Xi X K. 2011. On the correlation of Young's modulus and the fracture strength of metallic glasses. J Appl Phys 109 (3): 1-5.

Zargari S, Prasad M, Mba K C, Mattson E D. 2013. Organic maturity, elastic properties, and textural characteristics of self resourcing reservoirs. Geophysics 78: D223-D235.

Zhu W, Hughes J J, Bicanic N, Pearce C J. 2007. Nanoindentation mapping of mechanical properties of cement paste and natural rocks. Mater Charact 58 (11-12): 1189-1198.

附录　单位换算

1in（英寸）= 25.4mm
1ft（英尺）= 0.3048m
1ft^3（立方英尺）= 0.0283m^3
1acre（英亩）= 4047m^2
1bbl（桶）= 0.159m^3
1gal（加仑）= 0.0037857m^3
1lb（磅）= 0.454kg
1ton（吨）= 1000kg
1short ton（短吨）= 907kg
1long ton（长吨）= 1016kg
1cal（卡）= 4.1868J
1Btu（英热单位）= 1055.6J
1mile（英里）= 1.609km
1mile^2（平方英里）= 2.59km^2
n℉（华氏温度）=（n-32）/1.8℃
1cP（厘泊）= 1mPa·s
1D（达西）= 0.987×10^{-12}m^2
1mD（毫达西）= 0.987×10^{-9}m^2
1hp（马力）= 0.745kW

国外油气勘探开发新进展丛书（一）

书号：3592
定价：56.00元

书号：3663
定价：120.00元

书号：3700
定价：110.00元

书号：3718
定价：145.00元

书号：3722
定价：90.00元

国外油气勘探开发新进展丛书（二）

书号：4217
定价：96.00元

书号：4226
定价：60.00元

书号：4352
定价：32.00元

书号：4334
定价：115.00元

书号：4297
定价：28.00元

国外油气勘探开发新进展丛书（三）

书号：4539
定价：120.00元

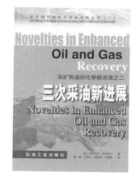

书号：4725
定价：88.00元

书号：4707
定价：60.00元

书号：4681
定价：48.00元

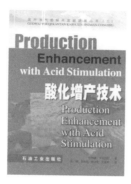

书号：4689
定价：50.00元

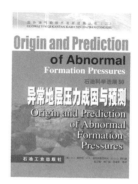

书号：4764
定价：78.00元

国外油气勘探开发新进展丛书(四)

书号：5554
定价：78.00元

书号：5429
定价：35.00元

书号：5599
定价：98.00元

书号：5702
定价：120.00元

书号：5676
定价：48.00元

书号：5750
定价：68.00元

国外油气勘探开发新进展丛书(五)

书号：6449
定价：52.00元

书号：5929
定价：70.00元

书号：6471
定价：128.00元

书号：6402
定价：96.00元

书号：6309
定价：185.00元

书号：6718
定价：150.00元

国外油气勘探开发新进展丛书（六）

书号：7055
定价：290.00元

书号：7000
定价：50.00元

书号：7035
定价：32.00元

书号：7075
定价：128.00元

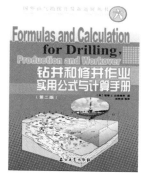

书号：6966
定价：42.00元

书号：6967
定价：32.00元

国外油气勘探开发新进展丛书（七）

书号：7533
定价：65.00元

书号：7802
定价：110.00元

书号：7555
定价：60.00元

书号：7290
定价：98.00元

书号：7088
定价：120.00元

书号：7690
定价：93.00元

国外油气勘探开发新进展丛书（八）

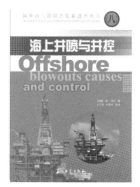
书号：7446
定价：38.00元

书号：8065
定价：98.00元

书号：8356
定价：98.00元

页岩储层微观尺度描述——方法与挑战　81

书号：8092
定价：38.00元

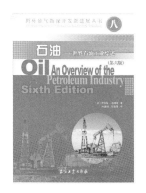

书号：8804
定价：38.00元

书号：9483
定价：140.00元

国外油气勘探开发新进展丛书（九）

书号：8351
定价：68.00元

书号：8782
定价：180.00元

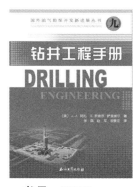

书号：8336
定价：80.00元

书号：8899
定价：150.00元

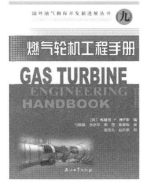

书号：9013
定价：160.00元

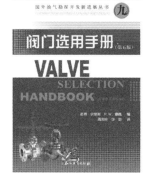

书号：7634
定价：65.00元

国外油气勘探开发新进展丛书（十）

书号：9009
定价：110.00元

书号：9989
定价：110.00元

书号：9574
定价：80.00元

书号：9024
定价：96.00元

书号：9322
定价：96.00元

书号：9576
定价：96.00元

国外油气勘探开发新进展丛书（十一）

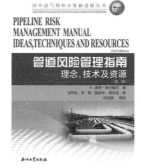

书号：0042
定价：120.00元

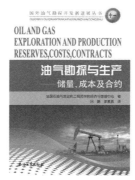

书号：9943
定价：75.00元

书号：0732
定价：75.00元

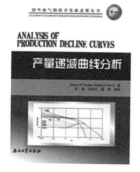
书号：0916
定价：80.00元

书号：0867
定价：65.00元

书号：0732
定价：75.00元

国外油气勘探开发新进展丛书（十二）

书号：0661
定价：80.00元

书号：0870
定价：116.00元

书号：0851
定价：120.00元

书号：1172
定价：120.00元

书号：0958
定价：66.00元

书号：1529
定价：66.00元

国外油气勘探开发新进展丛书（十三）

书号：1046
定价：158.00元

书号：1167
定价：165.00元

书号：1645
定价：70.00元

书号：1259
定价：60.00元

书号：1875
定价：158.00元

书号：1477
定价：256.00元

国外油气勘探开发新进展丛书（十四）

书号：1456
定价：128.00元

书号：1855
定价：60.00元

书号：1874
定价：280.00元

书号：2857
定价：80.00元

书号：2362
定价：76.00元

国外油气勘探开发新进展丛书（十五）

书号：3053
定价：260.00元

书号：3682
定价：180.00元

书号：2216
定价：180.00元

书号：3052
定价：260.00元

书号：2703
定价：280.00元

书号：2419
定价：300.00元

国外油气勘探开发新进展丛书（十六）

书号：2274
定价：68.00元

书号：2428
定价：168.00元

书号：1979
定价：65.00元

书号：3450
定价：280.00元

国外油气勘探开发新进展丛书（十七）

书号：2862
定价：160.00元

书号：3081
定价：86.00元

书号：3514
定价：96.00元

书号：3512
定价：298.00元

国外油气勘探开发新进展丛书（十八）

书号：3702
定价：75.00元

书号：3734
定价：200.00元

书号：3693
定价：48.00元

书号：3513
定价：278.00元